量子電腦入門

基礎から学ぶ 量子コンピューティング

「從零開始了解
未來運算革命」

工藤和惠 ——著
楊玉鳳 ——譯
管希聖 國立臺灣大學物理系 教授 ——審訂

前言

拿起本書閱讀的人，應該都是對量子電腦有興趣或至少是聽過「量子電腦」這個詞吧。最近，在日本出版了許多量子電腦相關的入門書。只要在網路上搜尋，就能找到量子電腦的入門教材。但是，網路上較多的教材都只是複製貼上而已，又或者只要按下執行鍵就能立刻進行計算。可是從執行到出現結果之間，各位不會覺得都不知道到底做了些什麼嗎？本書的目的就是幫助大家從這階段起往前邁進。

「量子運算」是利用量子電腦的運算手法。量子電腦可以大致分為閘型量子電腦與退火型量子電腦。此外還有一種雖不是量子電腦，但是透過退火型量子電腦做出發想而開發出的模擬退火量子電腦。本書中首先會從基礎開始仔細解說，以讓大家能理解它們的差異。

本書特別致力於說明使用易辛機（Ising Machine）來解決具體問題的方式。易辛機是解開組合最佳化問題專用的電腦，指的是退火型量子電腦以及模擬量子電腦。組合最佳化問題的應用範圍很廣，知道具體的問題解法後，就容易想像量子電腦派上用場的景況。若能像這樣建立起想像並湧現出興趣，應該就能去閱讀再稍微專業一點的專門資料，或是試著使用量子電腦。

本書設定的目標讀者群是從高中生起，還有大學生以及對量子電腦有興趣的社會人士。是以有高中數學知識為前題。部分內容會使用到大學一年級程度的數學，但必要的知識會補充在附錄中。

本書中針對用易辛機解決的問題會舉出豐富的例子來說明，讓讀者能想像用易辛機解決問題，以及學會相關的知識。另一方面也統整了關於閘型量子電腦的基礎知識介紹。若要正式說明，則需要比高中數學更高程度的知識。關於使用閘型量子電腦來解決問題的方法，建議可以參考更專門的書籍或網路資訊（書末會有介紹）。

　　本書是由六個章節與附錄所構成。第1章中是說明量子運算的概要。介紹量子運算到目前為止的發展與現況，以及幾個應用例子。

　　第2章是說明用易辛機計算的機制以及使用易辛機解題時所需的基礎知識。第3章是舉出典型的組合最佳化問題，說明使用易辛機來幾決問題的方法。若能閱讀到此，應該就能使用易辛機來進行計算了。第4章的內容稍微有些延伸，是介紹使用易辛機的機器學習。是將機器學習的一部分採用為組合最佳化問題，並在該計算中使用易辛機的方法。

　　第5章則轉為簡單地介紹閘型量子電腦運算的機制與演算法。第4章與第5章的內容是延伸性且有些難的，所以在附錄中會寫有補充。最後的第6章則是介紹量子電腦最近幾年間的發展以及思考今後的展望。

　　本書執筆期間，日本東北大學大關真之老師在企劃階段給了我結構上的建議，在閱讀原稿時也給出了有益的指教。此外御茶水女子大學的學生們也站在初學者的立場，在讀了原稿後給了我意見回饋。同時，多虧了歐姆社編輯部的各位，才能完成這本容易閱讀的書。我要藉此機會感謝大家。

工藤和惠

目次

前言 iii

Chapter1　量子演算的概要

1.1　什麼是量子運算？ 2
1.2　量子演算的應用範例 14
1.3　不使用量子的量子演算 22

Chapter2　易辛機的機制

2.1　易辛機與易辛模型 28
2.2　易辛機的運算機制 34
2.3　能解決問題的必要事項 54
2.4　解題前的注意要點 62

Chapter3　用易辛機解題

3.1　最大割問題 68
3.2　影像雜訊除去法 73
3.3　圖著色問題 76
3.4　聚類分析 83
3.5　推銷員路線問題 91
3.6　背包問題 99

v

Chapter4　使用易辛機的機器學習

4.1　二元分類 110
4.2　矩陣分解 116
4.3　黑箱函式優化 122

Chapter5　閘型量子電腦

5.1　閘型量子電腦的演算機制 136
5.2　量子演算法 146
5.3　量子位元與操作方式 156

Chapter6　量子運算的今後

6.1　易辛機的進化 162
6.2　閘型量子電腦的發展 165
6.3　對量子演算的期待 167

附錄

附錄A　矩陣與向量 170
附錄B　黑箱函式優化的補充 174
附錄C　量子演算法的補充 178

給想要了解更多的人 186

Chapter 1

量子演算的概要

　　首先要簡單說明量子運算到目前為止的發展與現狀,並一邊看幾個應用的例子,一邊擴大想像能在怎樣的情況下活用量子演算。我們同時還會談到適用於這些應用例子類型的量子運算技術。

Keyword
量子演算→使用量子電腦的運算法
量子電路→展示由量子位元所演算的過程
量子糾錯→關於量子電腦的錯誤校正
容錯量子電腦→能進行量子錯誤校正的量子電腦
NISQ→受到雜訊影響,無法進行錯誤校正的中等規模的量子元件
量子演算優越性→在傳統電腦中無法用現實性時間解決的問題,能用量子電腦高速解決
量子退火→利用量子效果,高速解決組合最佳化問題的方法
組合最佳化問題→從龐大的數字組合中,找出最佳組合的問題
取樣→從獲得解的樣本中,推測出目標母體的性質的方法
易辛機→用易辛模型表現出來的,高速解決組合最佳化問題的專用電腦

1.1 什麼是量子演算？

　　量子演算就是使用量子電腦來進行計算的方法。在此所說的量子電腦指的是利用量子的性質來進行運算的電腦。量子電腦與我們身邊的 PC 以及智慧型手機這些傳統電腦是以不同的原理在運作。此外，與歷來的電腦相比，人們期待它能做出超高速的計算。

　　量子電腦的種類大致可分為「量子閘型式」與「量子退火式」。在此各將之稱為閘型量子電腦、退火型量子電腦。此外，從退火型量子電腦發想得出的「模擬退火量子電腦」也在進行開發中。量子演算本是指使用量子電腦的運算手法，但也與模擬退火量子電腦有著很深的關係。

　　關於量子演算的概要，以下將會包含模擬量子電腦在內，按歷史長短順序介紹。

1.1.1 閘型量子電腦

　　一般說起「量子電腦」，幾乎是指閘型量子電腦（**圖 1.1**）。自 1980 年代提倡量子電腦以來，就進行了設想使用量子閘構成量子電路的閘型的研究。以往的電腦都是利用電子電路的邏輯閘來進行演算，所以做為應對的量子電腦，可以說設想出閘型是很自然的流程。

圖 1.1 閘型量子電腦的例子
「IBM Quantum System One – Kawasaki」[照片提供：IBM]

但是，說到量子電腦時，我們會將以往的電腦稱為古典電腦。這意思不是老舊的電腦。其由來是我們會將在高中學到的普通力學稱為古典力學以與量子力學作區分那樣。

● **量子電腦的理論基礎**

量子電腦的研究是從理論的基礎開始。1985 年，多伊奇（David Elieser Deutsch）以理論將量子電腦公式化。在 1990 年代，發表了秀爾（Peter Williston Shor）的質因數分解演算法（1994 年，又稱秀爾演算法）以及格羅弗（Lov Kumar Grover）的量子搜索演算法（1996 年）等知名的「量子演算法」。這些量子演算法都是用量子電路表現了由量子位元所展示的演算程序。

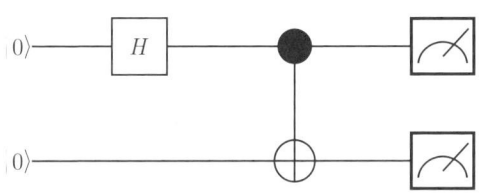

圖 1.2 量子電路的例子

構成量子電路的是**量子位元**以及操作量子位元的**量子閘**，還有讀取量子位元狀態的測量，**圖 1.2** 即為其例子。橫向延伸的線對應著每一個量子位元。寫在線左邊的記號是表示量子位元最初的狀態。線中段出現的四角形及圓形記號則是表示量子閘，是從左至右的方向順序進行操作。右邊如儀表的記號則是測量。詳細會在第 5 章中進行說明。閘型量子電腦可以說就是像這樣，以量子電路的形式來進行計算的電腦。

要利用閘型量子電腦來進行計算，就需要量子演算法。其是否能比古典電腦進行更高速的計算，則要視所使用的量子演算法而定。先前提過的秀爾演算法與格羅弗的演算法已經理論證明，使用量子電腦會比用現在已知的古典演算法更能快速求出解答。

實際上，我們須要注意「現在已知」這點，因為或許還有著尚未被發現的高速古典演算法。也有古典演算法可以利用量子電腦進行高速計算的可能性並非為零。

但是在 1980、90 年代尚未實現的量子電腦為什麼可以說能進行高速計算呢？其實此處所說的計算速度並非進行時間的實測值。理論上，計算的速度會使用「計算量」來進行討論。計算量是表示計算時必需的時間與工夫（操作的進行次數）。也就是說，計算量小的演算法就會是快速的。計算量在理論上是能估計得出的。因此即便不是實際用量子電腦來進行計算，也可以估算其進行高速的計算。

● **要實現量子電腦很困難**

使用量子電腦，理論上來說能夠進行高速計算，但實際上能否進行則是另一個問題。很遺憾，現在還沒有能在實用規模下進行按照理論計算的量子電腦。因為製作量子電腦的技術非常難。

第一個問題就是擔任量子電腦運算的「量子位元」。量子位元有一個性質是，對來自外部的雜訊很敏感，狀態容易改變。明明沒有進行任何操作，狀態也會改變，這就會消除掉量子位元所給予的資訊。量子位元若在短時間內失去資訊，就無法進行長時間的計算。

為了演算而操作量子位元也會產生雜訊。因此量子位元會有某種程度的機率發生沒有達到預期的狀態，亦即「失誤」。為了糾錯校正，就須要量子錯誤校正。實際上我們平時在使用的電腦也有在進行古典位元的糾錯校正。如果沒有糾錯校正，電腦就會做出預料之外的動作，或是突然停止，無法適當地使用。

我們稱能進行量子錯誤糾正的量子電腦為容錯量子電腦。要能實現這點就需要許多的量子位元。據說該數目高達 100 萬個以上。已在 2022 年發表的閘型量子電腦頂多就是數百量子位元的程度，所以尚未有所進展。

不僅是量子位元數，量子位元的品質與量子閘的錯誤率也是重點。量子位元的品質指的是在用量子電腦進行計算時，能多長時間保有必要的量子性質（詳細在第 5 章中會說明）。量子位元的品質若不好，所持有的資訊就容易損壞、容易發生錯誤。量子閘的錯誤率就是操作量子位元時發生錯誤的比例。若錯誤率大，糾錯校正時就會需要許多必要的量子位元。

● **現在的閘型量子電腦**

我們稱會受到雜訊影響、無法進行糾錯校正、中等規模的（數百量子位元左右的）量子元件為 **NISQ**（Noisy Intermediate-Scale Quantum，雜訊中等規模量子）元件（**圖 1.3**）。現在的閘型量子電腦開發正在進入 NISQ 元件的時代。

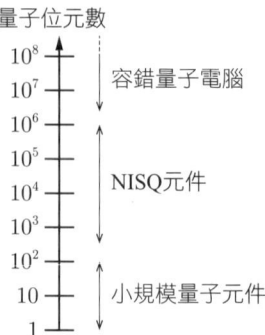

圖 1.3 量子位元數以及量子元件的關係

　　實現量子位元的方式有好幾種，例如「離子阱」「超導電路」「光學脈波」等。其中現在開發最有進展的就是超導電路。全世界首次實現利用超導量子位元的量子運算是在 1999 年，當時隸屬 NEC（日本電氣）的中村泰信・蔡兆申等人成功做出並控制了超導量子位元。現在世界上也在進行研究開發的量子位元數與量子閘操作正確度也提高到相較於當時不可同日而語的程度。2019 年，以 Google 為主的研究團隊發表了運用超導量子位元的閘型量子電腦來測試驗證量子計算優越性。

　　量子計算優越性就是「用量子電腦可以高速解決用古典電腦無法在現實性時間內解決的問題」。不過，這裡所解決的問題不一定是實務性的。因為解決實務性問題與能做出高速計算沒有直接的關係。實際上，在 2019 年展示出量子計算優越性的實驗中所解決的問題，一點都沒有實務性[*1]。即便如此，在展示利用量子電腦能高速解決問題這點上仍有重大意義。

　　在超導電路的方法中，雖然閘型量子電腦在 2022 年是以超越了 100 量子位元的程度登場，但還無法進行糾錯校正。一般認為，NISQ 元件的時代還會持續一陣子。因此現正盛行研究適合於

[*1] 有興趣的人，請查閱以下的文章〔F. Arute et al., Nature 574, 5058-510（2019）〕。

NISQ 元件的演算法，而看起來特別有希望的就是量子化學計算以及機器學習的領域。有多數提案都是配合古典電腦的計算，由量子電腦來負責部分擅長的計算。

1.1.2　退火型量子電腦

退火型量子電腦（圖 **1.4**）也被稱為量子退火。其所進行的計算完全不同於閘型量子電腦。關於其機制，在第 2 章中會詳細說明。一言以蔽之，退火型量子電腦是用量子位元來進行量子退火的電腦。

圖 1.4　退火型量子電腦的機箱 **D-Wave Advantage** 系統
 [Copyright © D-Wave]

● **實施量子退火的電腦**

量子退火是利用量子力學中特有的性質（2.2 節中會做詳細的說明），高速解開組合最佳化問題[*2]的方法。所謂的組合最佳化問題就是在龐大數字的組合中找出最佳組合的問題。解決這個組合最佳化問題的方法之一就是模擬退火。將之應用於量子系統（被量子力學法則支配的對象）的就是量子退火。

1998 年，門脇正史與西森秀稔提出了現在形式的量子退火，首次在世界上展示出了比模擬退火更強力的手法。在相同條件下解決同一問題時，量子退火能比模擬退火以更高的準確率求出最佳解。這時是利用古典電腦來模擬量子退火。而退火型量子電腦則是實際利用量子系統來進行。

退火型量子電腦是在 2011 年登場。加拿大的新創公司 D-Wave System 開始販售 128 量子位元的電腦。那個時代的閘型量子電腦還只是數個量子位元左右。幾乎沒有人相信真的能做出超過 100 量子位元規模的量子電腦。

可是在 2015 年，NASA 與 Google 發布了 D-Wave 的退火型量子電腦比古典電腦「快 1 億倍」，於是世間的潮流就變了。這個衝擊非常大，退火型量子電腦在全世界受到認可，其研究也順勢拓展開來。而之後要介紹的模擬退火量子電腦也有所發展。

● **專門解決組合最佳化問題的量子電腦**

退火型量子電腦是專門用來解決組合最佳化問題的量子電腦，可是卻不一定會得到精確的最佳解（精確解）（詳見第 2 章的說明）。或許有讀者會有疑問，像這樣的電腦有什麼功用呢？其實高速解決組合最佳化問題（即便不精確）將解決社會課題或促進產業發展。因為組合最佳化問題存在於各式各樣的領域中，例如

[*2] 關於組合最佳化問題的例子將在下章中做介紹。

物流、交通、藥物探索、材料開發、金融等。下節我們將會介紹其應用例子。

組合最佳化問題就是從龐大的數字組合中找出最佳的組合。問題規模很大時，若用古典電腦一一查詢組合，將要花非常長的計算時間。此外，從實用面來說，很多時候都不需要精確的解，只要接近精確解（**近似解**）就足夠了。

考慮到這些事，退火型量子電腦可以說能有效解決組合最佳化問題。首先，量子退火不用查詢每一個組合。而且退火型量子電腦不論問題規模大小，都能在指定時間內（通常是數十～數百微秒）解決問題。雖不一定會得到精確解，但能得到很好的近似解。也就是說，可以在短時間內得到多數的近似解。

能在短時間內多次計算組合最佳化問題的這個性質也能活用在**取樣**上。取樣是從獲得的解的樣本中去推測做為目標母體的性質方法。又或者是能利用來從多個解的樣本或候選者中，選出最適當的解。

現在的退火型量子電腦是專門針對組合最佳化問題的，無法用於通用的計算上。其實只要擴大量子退火，理論上也能進行通用的計算，但現實是，在技術上非常難做到。以通用計算為目標來進行開發的退火型量子電腦，至今仍處於研究的階段。

● **邏輯位元和物理位元**

對此，我們將稱實際的量子電腦中的量子位元為**物理位元**以做區分說明。

二次多項式的二次項，是由兩個變數相乘所構成。此時，我們稱應對那兩個變數的邏輯位元是耦合的。退火型量子電腦就是利用了與之應對的物理位元間的耦合來解開問題。可是現在的退火型量子電腦並不一定是所有物理位元都相互耦合的。因此就要用數個物理位元來表示一個邏輯位元。

例如來思考一下該怎麼解開四個邏輯位元相互耦合的問題吧。也就是如**圖 1.5** 左側那樣的耦合。而如圖 1.5 右側那樣物理位元（白色圓形）間的耦合（實線）則是正方形格子狀的。

如果將邏輯位元一一分配給物理位元，就不會形成如左側那樣的耦合。這時候只要將用虛線固定起來的物理位元集團看成是一個邏輯位元，就能將彼此的邏輯位元耦合起來。

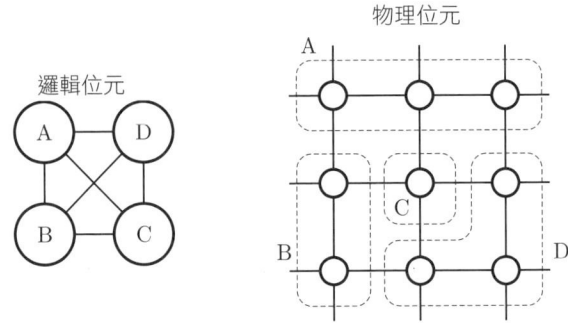

圖 1.5　邏輯位元與物理位元的對應

如圖 1.5 右側那樣，我們稱物理位元間耦合非常少的情況為鬆散耦合（或低耦合）。反過來說，所有物理位元間都像有耦合著的情況就稱為緊密耦合。

● 現在的退火型量子電腦

在 2022 年時，規模最大的退火型量子電腦是 D-Wave Advantage。其搭載了超過 5000 個的超導電子位元。不過就超導電路的性質來說，要將所有量子位元都相互耦合是很困難的，而且耦合數也有限。從一個量子位元所出的耦合數有 15 個。因此視問題的不同，使用的邏輯位元數會大幅減少。考慮所有邏輯位元間有耦合（全耦合）的問題時，物理位元會超過 5000 個，但能使用

的邏輯位元卻為 180 個左右。

解決超過能使用邏輯位元數規模的問題時，須要費點心力來分割、解決問題。例如有個方法是，將問題分成小分的，然後用退火型量子電腦來解決，再用古典電腦來處理獲得的解。另外還有開發了併用古典電腦的各種方法。

但是，閘型量子電腦的量子位元數頂多就數百個左右，為什麼退火型量子電腦能達至超過 5000 量子位元的規模呢？

其中一個原因是受到雜訊影響的差異。即便是退火型量子電腦也無法忽視雜訊的影響，量子位元會在某種程度的機率下產生錯誤。可是那並不一定會對計算結果造成致命的影響。即便因為產生錯誤而沒能獲得精確解，多數時候也能獲得近似解。

另一方面，閘型量子電腦若是累積了錯誤就很致命，且無法做出預想中的計算。量子位元數與操作閘的次數若增加，雜訊就會增大，因此閘型量子電腦難以大規模化。

在現今這個時間點（2022 年），退火型量子電腦是由 D-Wave Systems 公司獨占鰲頭。可是在日本，產業技術綜合研究所以及 NEC 也與大學等研究機關合作進行元件開發以及研究開發相關的軟體、應用程式。

1.1.3　模擬退火量子電腦

受到退火型量子電腦登場的刺激，專門用來高速解決組合最佳化問題的古典元件也被開發了出來。那就是近年來被稱為模擬量子電腦的東西。有透過光學脈波來模擬量子位元的類型，也有用古典數位電路來安裝的類型。

● **在日本特別積極開發的的技術**

　　在日本，以 NTT、富士通、日立製作所等企業為主，正在進行模擬退火量子電腦的研究開發。其特徵是，不只有大型企業，新創企業也有參與，還有大學等研究機關與企業合作以促進研究。不僅是利用獨自元件做成製品，也擴展了利用雲端來提供的商業服務（也有能免費使用的系統[*3]）。

　　支持模擬退火量子電腦技術發展的不是只有開發專用元件。結合既有的技術與高度的古典演算法以高速化計算也是研究開發的重點之一。無論是哪一種措施，都支撐著這個技術的發展。

● **模擬退火量子電腦的特長**

　　要高速解決組合最佳化問題有退火型量子電腦可用。那麼，為什麼還要開發模擬退火量子電腦呢？其原因首先可以舉出使用方便。因為是古典元件，就可以在室溫下運作，並以同於普通電腦伺服器的方式去使用。另一方面，使用超導電路的量子電腦只能在極低溫下的冷卻中運作，須要特別管理。

　　在處理的問題規模大小上也是，在現在，模擬退火量子電腦是勝過退火型量子電腦的。模擬退火量子電腦不僅比較容易增加物理位元數，也能讓物理位元間緊密耦合。我們預想今後也會擴大發展，將會出現有著 10 萬個以上物理位元、能處理 1 萬變數以上的全耦合問題的系統。

● **統整現在的量子計算**

　　我們將到目前為止所介紹到的量子運算技術，包含模擬退火量子電腦在內，統整成**表 1.1**。從中可以看出各技術所擁有的不同特點。量子運算是以非常快的速度在發展的領域，所以在不久的

[*3] 會在第 3 章最後的專欄中做介紹。

將來，表中的內容應該也會有變。尤其是物理位元數，若是過了一年，應該就會大幅更新。此外，安裝的方式以及計算方式，在 2022 年寫這本書時，也沒有將所有資訊都寫在這張表裡。將來甚至將會變得更多樣。

表 1.1　量子計算相關技術的比較（2022 年時）

	閘型量子電腦	退火型量子電腦	模擬型退火量子電腦
安裝方式	超導電路、離子阱、光學脈波等	超導電路	古典數位電路、光學脈波等
計算方式	使用量子閘的量子演算	量子退火	模擬退火等
計算對象	各式各樣	組合最佳化問題	組合最佳化問題
物理位元	數百量子位元左右	5000量子位元以上	10萬位元以上

從應用面的實用性來說，模擬退火量子電腦在現在這個時間點是很有力的。因為現在，閘型量子電腦與退火型量子電腦在能計算的問題以及規模上都有限。可是目前，活用各技術特點的研究開發應該是會持續發展下去的。

1.2 量子演算的應用範例

現在，做為量子演算的應用對象，尤為人所期待的就是最佳化問題。實際上，有許多情況乍看之下和最佳化沒有關係，卻都隱藏有最佳化問題。在此，我們將要介紹其中一部分能應用量子演算的例子。

1.2.1 應用範例 1：物流

● 配送計畫

對許多人來說，說起身邊的物流都會想到宅配服務吧。堆滿許多貨物的車輛從配送公司的營業所出發，去到各配送地點後再回到營業所來。此時，要找出效率最好的配送路線，就要應用組合最佳化問題之一的**旅行推銷員問題**（TSP）。稍微拓展一點視野，就也能將要將各營業所配置於何處？配送時所使用的車輛以及台數要怎麼組合比較好都想成是最佳化問題。

負責配送的線路中也能找出最佳化問題。例如要能在配送地順暢地取出貨物，就必須考慮到配送順序來堆放貨物。各貨物的形狀、大小與重量都不一樣。為了避免在配送途中貨物傾倒，怎麼堆放很重要。要能安全且有效率的配送，該怎麼堆放貨物比較好的問題，可以說就是配置最佳化問題。

配送計畫的問題與製造業也有關。例如試著想一下製作某件產品時須要在其他工廠生產許多零件的情況吧。如**圖 1.6**，須要先將在各工廠生產的零件集中到倉庫，之後再將需要的零件配送到組裝工廠。這裡就有著好幾個組合最佳化問題。試著舉出幾個來看：

- 工廠與倉庫間的配送路線最佳化
- 零件種類與數量，以及配送地倉庫的組合最佳化
- 從倉庫到組裝工廠間運送零件的種類與數量組合最佳化

在各最佳化問題中會出現有相當數量的組合，所以不難想像全體運送路徑的組合數量會很龐大。像這樣的組合最佳化問題就是量子演算能派上用場的好例子。

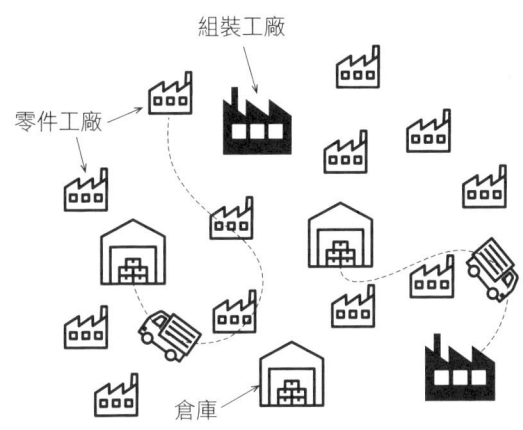

圖1.6　工廠與倉庫間運送路徑的組合數量很龐大

● **物流倉庫**

支撐物流的倉庫中也能找出組合最佳化問題。試著來思考一下匯集從保存在倉庫中的商品、零件到指定物品的作業（揀貨）吧。要以怎樣的順序來匯集各商品才是最有效率的呢？這個問題與配送路線最佳化一樣，也應用到了旅行推銷員問題。若指定商品過多而無法一次挑選完時，就會成為更複雜的組合最佳化問題。

要能有效率地揀貨，就要考慮到將倉庫內的配置最佳化。例如只要將經常被一起指定的商品配置在彼此附近，就會提升效

率。可是若只考慮到這點來配置,就會產生些不便。即便在某種情況下能效率良好地揀貨,但若是組合完全不同的情況,或許效率就會變得很糟。這時候,不論面對怎樣的組合,都能選擇做出某程度效率的配置就是最佳化問題。

1.2.2　應用範例 2：藥物探索・材料開發

● **藥物探索**

　　開發新藥時,有個階段是調查材料與某分子的**穩定結構**。在此,要採用的分子不是二氧化碳或氧氣等小分子,至少也是有數百以上的分子量,因此結構很複雜。知道新製成的化合物有怎樣的分子結構很重要。因為即便構成該化合物的分子種類與數量一樣,也會因結構不同而性質各異。要合成分子並以實驗調查該結構須要花費用與時間精力。而且候選的分子的候補量大,要逐一進行實驗調查十分沒效率。因此經常會使用的方法是利用電腦來計算、求出分子結構。會先縮小候選分子的數量後再進行實驗。

　　能求出分子穩定結構的計算,須要花頗長的計算時間。在這計算的一部分中能採用量子電腦。例如量子運算很擅長於從各部分狀態的組合中選出最穩定狀態的問題。利用在此處所獲得的狀態,透過現有的電腦就能更精確地計算出穩定的分子結構。

● **材料開發**

　　組合多個材料製作出新材料時,在組合材料的種類以及配合的比例等中,要思考到無數的組合。因此,我們要利用的方法不是毫無計畫地製作試作材料來進行實驗,而是使用電腦來預測材料的性質。選擇預期具有所需性質的候選材料來進行實驗(或模擬),然後將該結果利用在下次的候選選擇上。透過重複這個作業

來探索擁有更符合期望性質的材料（圖 **1.7**）

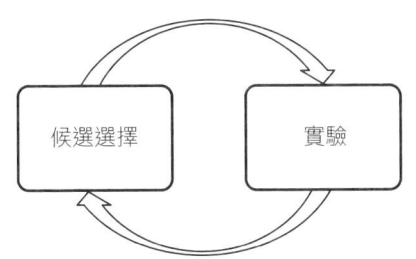

圖 1.7　材料開發就是在重複候選選擇與實驗

在這情況下，選擇候選材料的階段就能應用量子運算。另一方面，預測材料性質的計算則用傳統型電腦來進行。如同這個例子所示，應用量子運算時，配合電腦的特點來區分使用很重要。

1.2.3　應用範例 3：金融

● 投資組合最佳化

金融資產中有股票、債券等各不同種類。各金融資產的價格都會有各自不同的變動。以怎樣的比例保有怎樣的資產才是最好的問題，就是**投資組合最佳化**問題。

投資時人們都希望風險小、回收（收益率）大。例如若是全額投資在收益率期待值最大的產品上，會因為價格變動而遭受大損失的風險就大。只要組合多個資產，就能減少風險。風險的定義經常會用到的是收益率的分散（或是標準差）。某資產價格下跌時只要組合反過來有價格上揚傾向的資產，就能抑制收益率的分散，縮小風險。

解決投資組合最佳化問題時，要預先將收益率的期待值以及分散當成資料準備好。這樣就能利用量子運算來解決與這分資料

有關的資產組合最佳化問題。

● **套利**

　　同樣的金融商品在便宜時買進、高價時賣出就能獲得利益。就像這樣，利用利率差或價格差來進行買賣而獲得利益就是套利。例如在外匯市場中賣日圓來換成美金，然後把美金換成日圓的例子。一般來說，買進價會比賣出價高，所以會損失。但是若透過其他貨幣來交易，有時就會獲利。

　　例如透過歐元來換匯。假設某次的換匯匯率如**圖 1.8**。此時若將 100 日圓換成美金，就會是 0.87 美金。若換成歐元則是 0.87×0.9 = 0.783 歐元。接著若再換成日圓，就是 0.783×130 = 101.79 日圓。也就是說，會有 1.79 日圓的利益。但是像這樣的套利機會並不一直都有。此外，就算出現了那樣的機會，也只會是非常暫時性的短時間。

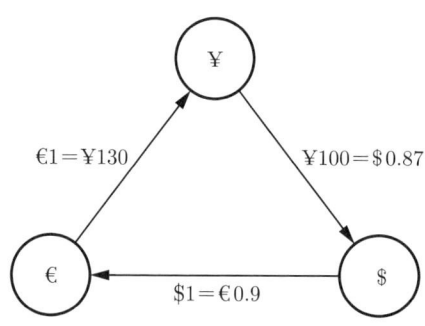

圖 1.8　套利的例子

　　像這樣，套利的問題能當成是**最短路徑問題**的最佳化問題來進行處理。圖 1.8 是非常單純的例子，但若貨幣的種類增加得更多，就會變成是複雜的問題。不過即便高速解決了這個問題，實

際上，該套利是否可能實現又是另一個問題。這一點必須留意。

1.2.4　應用範例 4：機器學習

● 分類問題

在我們周遭會碰到的情況中存有許多的分類問題。例如判斷收到的電子郵件是否為垃圾信件、判定「0」～「9」的手寫數字是否正確的情況，在此，來思考一下簡單將資料分成兩種的**二元分類**。

用退火型量子電腦進行二元分類的演算法中，有一種方法是 **QBoost**。這個方法是先準備很多的弱「判別器」，然後從中選出幾個來進行組合以製作強判別器。

各弱判別器能簡單處理二元的判別（0 或 1、Yes 或 No 等）。各判別器的正確回答率都不太高。也就是說，單一個判別器是沒什麼用的。將幾個弱判別器組合起來，就會製作出一個強判別器。

這個方法就是該如何組合判別器才能提高正確回答率的組合最佳化問題。詳細內容會在第 4 章中說明。

● 支援向量機

機器學習是使用電腦從資料中學習的方法。前述的分類問題也是適用機器學習的例子之一。近年來，針對機器學習的演算法提出了許多利用量子運算的方法。支援向量機這個方法就是廣為人知的機器學習方法，而其演算法的一部分就能採用量子演算。不論是閘型量子電腦還是退火型量子電腦都有適用的例子。

如**圖 1.9** 有兩種的資料（灰圓圈與白圓圈），想一下如何畫出分界線來分類它們。從這個分界線到最近資料的距離就稱為邊界，邊界上的資料就稱為支援向量。讓這邊界最大化而定出分界

線的就是支援向量機。邊界的最大化可以轉換為能利用量子演算的形狀最佳化問題。

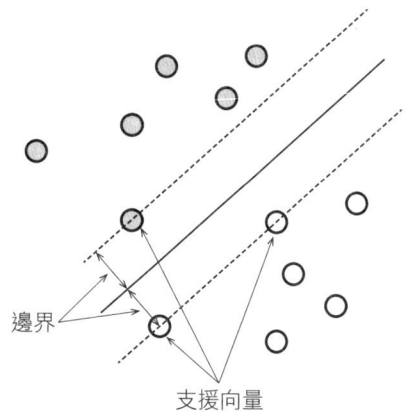

圖 1.9　支援向量機

在圖 1.9 中，為了簡單說明，是在二維的圖上用直線表示分類的邊界。可是實際上也可以採用更高維度的資料，能用非線型的邊界來分類錯綜複雜的資料。

● **量子電路學習**

量子電路學習是御手洗光祐等人於 2018 年所提出。2019 年時，其他的研究團隊發表了利用閘型量子電腦的實機實施了這個方法的研究。這是將機器學習模型之一的神經網路置換成量子電路的手法。

以二元分類的問題來思考一下吧。先準備許多「0」及「1」的數字圖像來當成學習資料。圖像是輸入的資料，所以各自都有正確解答的標籤（0 或 1）。量子電路學習的簡易流程如下。

1. 將輸入的資料透過事先準備好的量子電路變換成為量子狀態。
2. 由**量子變分電路**的操作與測定而得到輸出（量子變分電路能調整與操作閘有關的參數）
3. 針對各學習資料的輸出結果與正確解答標籤做計算，將其相加後當成成本函數。
4. 調整量子變分電路的參數以降低成本函數。

其中，在步驟 1 與 2 中會使用量子電腦，在步驟 3 與步驟 4 中則會使用古典電腦。若是透過重複幾次以上的步驟將成本函數最小化後，就結束學習。若是與學習資料不同的其他測試資料透過這個量子電路所輸出的結果被貼上了正確答案的標籤，就是學習成功了。

就像這樣，在機器學習中利用量子演算時，經常會使用到併用量子電腦與古典電腦的混合演算法。

1.3 不使用量子的量子演算

量子電腦是利用量子性質（量子性）的電腦。可是有時我們不會特別留意到量子性就能解決問題。此外模擬退火量子電腦也不會直接利用量子的性質。在此要來看的，就是在這樣意義下的「不使用量子」的量子演算。

1.3.1　易辛機：專門用來解決組合最佳化問題的計算機

我們已經介紹過了，退火型量子電腦與模擬退火量子電腦是能高速解決組合最佳化問題的電腦。這些電腦被稱為易辛機。也有另一個稱呼是退火機，而且有時在只指涉模擬退火量子電腦時也會稱為易辛機，但本書中則採用如圖 **1.10** 那樣的分類。

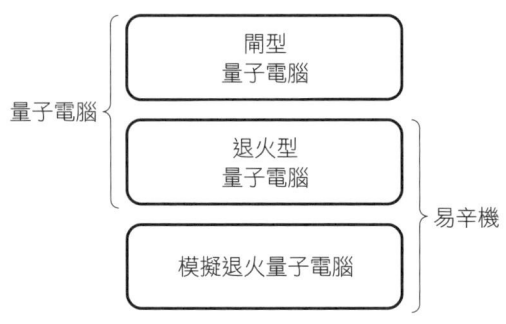

圖 **1.10**　量子電腦與易辛機

用易辛機來解決組合最佳化問題時，會用二元變數的二次多項式形式來表現問題。設二元變數的值為 +1 或 –1 的形式，就被

稱為**易辛模型**。這就是易辛機名稱的由來。關於易辛模型，將會在下一章中做稍微詳細一點的說明。

本書以易辛機為主，會從基礎開始說明該構造與使用方式。閘型量子電腦雖也有未來前景，但預估要能實用化還得花上一些時間。另一方面，易辛機已經處在了實用化的階段，已經有多數報告指出其應用的事例。易辛機可以說是能用來思考量子運算的應用對象，同時又適用於學習並實踐的題材。

1.3.2 各種各樣的易辛機

我們已經在 1.1 節介紹過退火型量子電腦的相關事項了，這裡就省略。以下稍微詳細點來介紹模擬退火量子電腦的易辛機。

● **基於古典數位電路的退火**

目前已經開發出多種利用半導體技術，在古典數位電路上實現與退火型量子電腦相同功能的易辛機。2015 年日立製作所發表了第一代 CMOS 退火機、2016 年富士通發布了數位退火的技術開發，現在仍在持續進化中。當初約為 1 千～1 萬位元左右，在 2022 年則成長到了 10 萬～100 萬位元左右。

這種類型的易辛機計算方式幾乎都是模擬退火，又或者是基於其衍生型。模擬退火如前述，是基於量子退火所新設想出來的方法[*1]。不過，在許多的易辛機上，比起歷來簡單的模擬退火，多是使用更為高速化的演算法。此外，為了能高速進行該演算法，也開發出了專用的元件。因為這樣的高速化，在實用性這點上所取得的成果就超越了現在的量子電腦。

[*1] 會在第 2 章中做詳細說明。

● **相干易辛機**

　　相干易辛機是利用光來運作的易辛機。它透過在光纖中傳遞的光脈衝的相位來表示位元，並藉由測量與回饋機制實現位元之間的耦合關係。光的性質是「相干擾的[*2]」，且有量子性，但回饋的計算是利用古典數位電路來進行。

　　2016 年初，以 NTT 為主的研究團體發表了 2000 位元的相干易辛機。2021 年則發表了達 10 萬位元的大型化機器。光纖以及測定機器等電腦硬體雖特殊，但能在室溫下運作。

● **模擬分叉算法**

　　模擬分叉算法是從相干易辛機得到構想而開發出的演算法。2019 年，東芝的研究團隊發表了用古典數位元件裝設模擬分叉算法的易辛機。

　　若將成為相干易辛機原理的物理現象去對應古典模型，則可用聯立非線性偏微分方程式的形式去表現。模擬分叉算法中，則是將這個方程式變形，並使用了適合於平行計算的形式。

　　以下要說的稍微有些專業，非線性微分方程式的時間導數為 0 時的解，就稱之為定點（不動點）。改變方程式的參數時，定點的數出現不連續變化的現象就稱為分岔。利用這個分岔現象就是模擬分叉算法的名稱由來。

[*2] 在有可能干擾的意義上，此處是指光做為波干擾的性質。

> **NEXT STEP** 至此，我們介紹了好幾個代表性的易辛機。不論哪一個易辛機都有項共通點，就是能高速解決組合最佳化問題的專用電腦。在下一章中，將要來說明易辛機究竟是如何解決組合最佳化問題的計算機制。

Chapter 2
易辛機的機制

　　使用易辛機來計算的方法與傳統型電腦有很大的不同。首先，問題的表現方法很獨特。其實該表現方法與易辛機的構造有很大的關係。依各不同易辛機，細部的構造會稍有差異，但針對適用於解開組合最佳化問題上，則有著共通的原理。本章中將要來學習該基本概念以及能使用易辛機來解決問題的基礎知識。

Keyword	
易辛機模型→在二元變數為 {−1,1} 的形式下，本為記述鐵磁性質的模型	
二次無約束二元最佳化問題（QUBO）形式→在二元變數為 {0,1} 的形式下，易辛模型等同於數學形式	
哈密頓算符→表示能量的形式	
基態→能量最小狀態，亦即將哈密頓算符最小的化變數的組合	
目標函數→應該要最小化（或最大化）的函數	
模擬退火→模擬退火過程，探索最佳解的方法	
勢能面→表現能量的樣貌	
全域最小解→對應勢能面最深谷、最佳化問題的精確解	
局部最小解→在勢能面的谷中，針對最佳化問題精確解以外的解	
蒙地卡羅方法（也稱統計類比方法）→使用亂數來計算的方法	
分岔現象→透過改變參數來改變不動點（定點）個數及性質的現象	
嵌入→利用易辛機計算前讓邏輯位元對應物理位元的作業	

2.1 易辛機與易辛模型

在第 1 章介紹過，使用易辛機來計算時會用二元變數的二次多項式來表現問題。在此來了解該表現形式與基本概念吧。

2.1.1　易辛模型與 QUBO 形式

我們稱二元變數為 $\{-1,1\}$ 的形式為**易辛模型**（**Ising model**），稱 $\{0,1\}$ 形式為**二次無約束二元最佳化**（**Quadratic Unconstrained Binary Optimization**，簡稱 **QUBO**）形式。不論使用哪一種形式都能解決同一問題，但哪一種形式較為適合則視問題而異。在此將來詳細說明各形式。

● **易辛模型**

易辛模型本是用來記述鐵磁性質的模型。一般認為，磁體是匯集有許多**自旋**這類磁石的性質而成。自旋對齊朝同一方向時，就擁有鐵磁的元素，分散朝各不同方向時，就不會有鐵磁的性質。易辛模型的特徵是自旋方向只有朝上或往下這兩者。

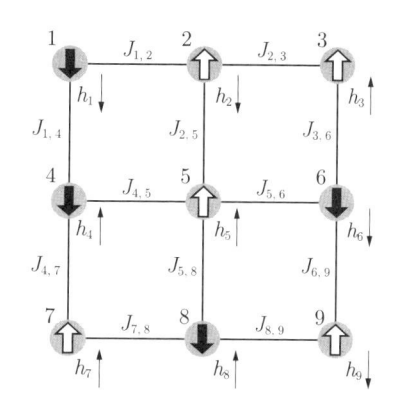

圖 2.1　二維空間的易辛模型圖像

●中的箭頭是自旋方向，各自旋所感應的磁場是細箭頭。
用線連結起來的自旋們會相互作用。

二維空間的易辛模型是如**圖 2.1** 那樣的圖像。各個自旋或是向上或是朝下，會感應到各場所中的磁場。此外，用線連結起來的自旋們會相互作用。使用易辛機來解決問題須對應到易辛模型處在最安穩的自旋狀態（自旋方向的組合）。所謂的最穩定狀態，換言之為能量最低的狀態。能量最低的狀態是對應到利用易辛機來解組合最佳化問題時的最佳解。

用物理語言來說，我們稱表示能量的形式為**哈密頓算符**。易辛模型的哈密頓算符以如下形式表現之[*1]。

$$H = \sum_{(i,j)} J_{i,j} s_i s_j + \sum_i h_i s_i \quad (2.1)$$

$J_{i,j}$ 是表示第 i 個與第 j 個自旋間的相互作用能量，h_i 是表示第 i 個自旋所感應到的磁場。右邊第一項的和符號是求關於彼此相鄰（有結合）的自旋（第 i 個與第 j 個）組合的和的意思。s_i 是表示第 i 個的自旋方向的二元變數，其數值為 1（往上）又或是 –1（往

---

*1　式子（2.1）左邊的符號 H 是來自哈密頓算符（Hamiltonian）的首字母。

下）。如 s_i 的組合讓哈密頓算符的數值愈是小到，易辛模型的能量愈低，愈處於穩定狀態。

如**圖 2.2**，試著來想一下自旋排成像正方格子狀那樣時的情況吧。往上的自旋為白色箭頭，往下的自旋為黑色箭頭。以直線相連結的自旋間會相互作用。粗線的 $J_{i,j}$ 是正值，細線為負值。

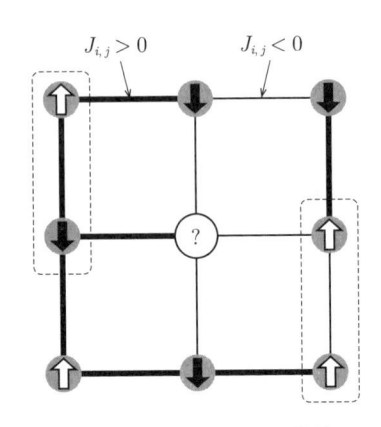

圖 2.2 自旋與相互作用的關係。
粗線表示正的相互作用，細線表示負的相互作用。

首先來看一下左上虛線所圈住的兩個自旋。兩個自旋的方向是相反的，相互作用為正。上與下的自旋若各為第 i 個與第 j 個的自旋，$s_i = 1$、$s_j = -1$，所以 $s_i s_j = -1$。連接這兩個自旋的是粗線（$J_{i,j} > 0$），所以 $J_{i,j} s_i s_j < 0$。同樣地，右下虛線圈起的兩個自旋是向上，$s_i = s_j = 1$，而連接這兩個之間的是細線（$J_{i,j} < 0$），所以 $J_{i,j} s_i s_j < 0$。這種 $J_{i,j} s_i s_j < 0$ 的狀態就是穩定的狀態。相互作用為正時，若兩個自旋為相同方向，則 $J_{i,j} s_i s_j > 0$，因此哈密頓算符的值就會變高，而這樣的狀態就是不穩定狀態。

圖 2.2 中央的自旋是「？」。這個自旋要朝向哪裡才會穩定呢？只要看一下上下的關係就會知道，相互作用為負，所以位上方的自旋與下方的自旋同朝下就會是穩定的。只要看一下左右的

關係就會知道，左側自旋是往下，相互作用為正，右側的自旋朝上，相互作用為負，所以朝上的會變穩定。就像這樣，我們稱無法決定好穩定方向的狀況為「**阻挫**」（frustration）。阻挫多發生在實際要用易辛模型來表現組合最佳化問題時。

式子（2.1）右邊第 2 項的 h_i 也被稱為**局部磁場**。因為只局部作用在第 i 個自旋。h_i 為正時自旋朝下、為負時朝上就是穩定的。

局部磁場有各式各樣，與相互作用有關的阻挫很強時，我們將難以得知讓哈密頓算符的值降低的自旋方向的組合。求取讓哈密頓算符值最小的自旋方向組合是對應著想解決問題的解，所以像那樣的問題就會變成是難解的問題。

● QUBO形式

QUBO 形式的哈密頓算符只與二元變數的取值不同，與易辛模型的形式卻相同。此處為了避免搞混，以 $Q_{i,j}$ 取代 $J_{i,j}$、以 b_i 取代 h_i，書寫成如下。

$$H = \sum_{(i,j)} Q_{i,j} x_i x_j + \sum_i b_i x_i \quad (2.2)$$

x_i 是對應第 i 個自旋的變數，其值為 0 或 1。$Q_{i,j} x_i x_j$ 的部分是只有在 x_i 與 x_j 兩方都為 1 時，$Q_{i,j}$ 才會加在哈密頓算符上。$b_i x_i$ 的部分是，只有在 x_i 為 1 時才會加上 b_i。

QUBO 形式與易辛模型在數學上是同等的。

$$s_i = 2x_i - 1 \quad (2.3)$$

除上外，$x_i = 1$ 對應 $s_i = 1$、$x_i = 0$ 對應 $s_i = -1$。將式子（2.3）代入（2.1）中，能整理成如下的式子。

$$H = \sum_{(i,j)} (4J_{i,j}) x_i x_j + \left\{ 2 \sum_i h_i x_i - 2 \sum_{(i,j)} (J_{i,j} + J_{j,i}) x_i \right\} + C \quad (2.4)$$

右邊第一項是 x 的二次項，第二項是一次項。右邊第三項的 C 是不包含 x_i 的常數。也就是說，(2.4) 若除去了常數項的存在，因係數不同就會與式子 (2.2) 為相同形式。

哈密頓算符的值會因為常數項而改變，但讓哈密頓算符最小化變數的組合中，常數的值是沒有影響的。因此，要表現一個組合最佳化問題，不論是使用易辛模型還是 QUBO 形式的哪一種，最佳解都一樣〔只有 (−1,1) 與 (0,1) 有差〕。視不同問題，用哪一種形式比較容易表現也不同，所以最好是依據要解決的問題來區分使用。

2.1.2 易辛機的作用：目標函數的最小化

易辛機的目的就是求取將哈密頓算符最小化的變數組合。因為那樣的變數組合才能獲得要解決問題的精確解。有時我們會用基態來稱呼將哈密頓算符最小化的變數組合。基態是物理用語，意指能量最小狀態。哈密頓算符是表示能量的量，所以用這樣的稱法。在與物理完全不一樣的文脈中，有時也會將式子 (2.1) 以及 (2.2) 稱為**目標函數**。也就是說，易辛機可說是輸入（$J_{1,2}$、$J_{1,3}\cdots$、$J_{2,3}$、$J_{2,4}\cdots$）以及（h_1、h_2、$h_3\cdots$）這些參數，以及輸出將目標函數 H 最小化變數組合（x_1、x_2、x_3、$\cdots$）的電腦。就如**圖 2.3** 那樣。輸入的參數是實數，輸出是 (0,1) 或 (−1,1) 的位元字串。

$J_{1,2}, J_{1,3},\ldots,J_{2,3}, J_{2,4},\ldots$
$h_1, h_2, h_3,\ldots$ → 易辛機 將 H 最小化 → $(x_1, x_2, x_3,\ldots) = (0,1,1,\ldots)$

圖 2.3　易辛機的作用

實際上，大多是能得到將目標函數最小化的近似解而非精確解。易辛機的特點在於，相較花時間求得精確解，更著重於在短時間內有效獲取近似解。下一節中將會詳細說明該機制是用怎樣的原理來進行計算。

　　如果覺得接下來的 2.2 節內容很難，也可以跳過直接去讀第 3 章。或許看了第 3 章具體的事例後會湧現出想像而比較容易閱讀。因應必要再重讀第 2 章時也能加深理解。

2.2 易辛機的運算機制

關於代表性的易辛機,在第 1 章中主要是從硬體面來做介紹。在此要從理論面來說明利用易辛機進行運算的根本概念與運算機制。

2.2.1 自然的原理:能量較低較穩定

利用易辛機運算的機制是在仿效自然的原理。例如水會從高處流向低處。若將系統置於能量坡道上,就會往下方滾去。不論是哪一個例子,換句話說,都是會往位能低處移動。因為是以能量低的穩定狀態為目標在做變化。

試著來想一下稍微具體點的例子吧。假設有如圖 **2.4**(a) 那樣的地形,若是將球放置在上方並放手,球會變得怎樣呢?在多次通過谷底重複往右往左移動後,最後就會停在谷底。因為球與地面的摩擦損失了力學能,就在位能最小處穩定了下來。

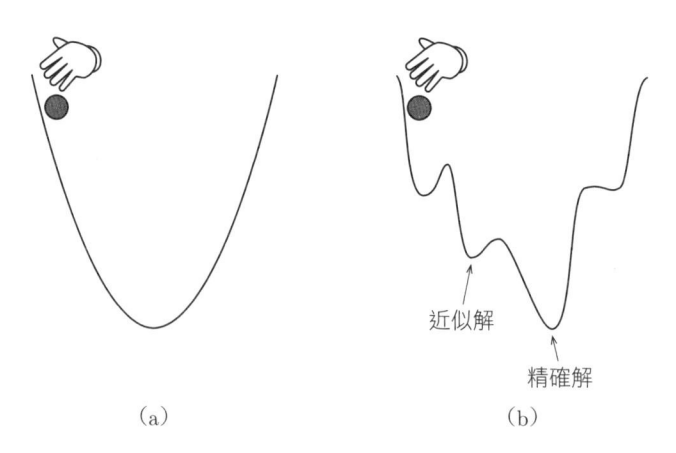

(a)　　　　　　　　　　　(b)

圖 **2.4**　將球放在各地形上部並放手。球會變得怎樣?

易辛機就是在模仿這樣的自然原理,是能自然獲得能量最小狀態的機制。可是它不一定總能獲得理想的狀態。許多組合最佳化問題都是對應到如圖 2.4(b) 那樣複雜的地形。若將球放在圖 2.4(b) 地形的上方,就會卡在半途的低谷中,或許都不會抵達最深的谷底。而這個最深的谷底才對應著組合最佳化問題的精確解。也就是說,即便不是最深而是與之相近的深谷,要有效率的到達近似解,易辛機就要費一番功夫。

2.2.2 模擬退火

易辛機中也有許多是採用基於模擬退火的方法。模擬退火的英文是 Simulated annealing,縮寫作 SA。

模擬退火一詞來源於冶金學的退火。用高溫加熱金屬後再讓其急速冷卻,原子的配置就只會有局部穩定化而固定下來,無法形成漂亮的結晶。若是慢慢冷卻,就會有更大範圍的原子形成穩定的配置。

退火就是像這樣的金屬加工法。模擬退火則是模仿這個退火的過程,是探尋最佳解的方法。

● **解的探尋法**

模擬退火會先選擇適當解的候選,然後一邊一點一滴做變更一邊探尋解。變更的部分是隨機的,亦即是使用亂數來選擇。像這樣使用亂數來進行演算的方法,一般稱為**蒙地卡羅方法**(也稱統計類比方法)。模擬退火就是蒙地卡羅方法的一種。

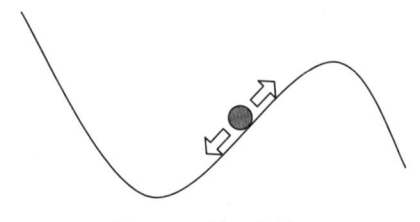

圖 2.5 下坡？上坡？

　　來假設一下某次解的狀態（球的位置）為**圖 2.5** 那樣的狀況吧。在此，隨機地來變更一部分解的狀態。變更後的能量若低，就會稍微往下坡；若是高的，就不會改變而會回到變更前的狀態。重複這樣的情況幾次，應該總會抵達附近的谷底。可是或許在越過坡道的地方會有更深的低谷。為了找尋更深的低谷，有時就必須爬上坡道。因此，變更後能量較高時，有一定程度的機率會稍微爬上坡道。

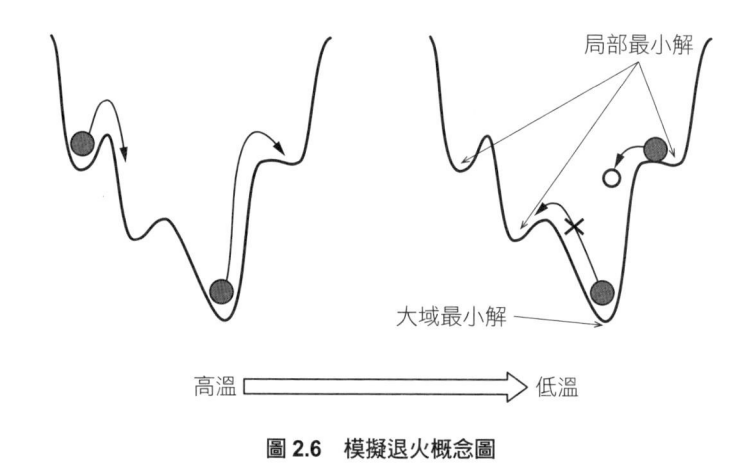

圖 2.6 模擬退火概念圖

　　模擬退火是利用對應溫度的參數來限制上坡的機率。溫度較高時，上坡的機率就高；隨著溫度的降低，就難以上坡。這麼一來，在高溫下就會如**圖 2.6** 左邊那樣，能簡單爬上高坡。可是若

一直都維持高溫，即便好不容易抵達了深谷，也會立刻跑出來。透過緩慢地降低溫度，就不會回到能量較高的谷，能一邊縮小探索範圍，一邊到達更深的谷。

如圖 2.6，我們稱表現能量的地形為勢能景觀（energy landscape）。在這之中，最終的目標是最深的深谷，所以稱其為**全域最小解**。也就是說，是組合最佳化問題的精確解。除此之外，中途的谷則稱為**局部最小解**。局部最小解中，接近全域最小解的就是近似解。

在此是用二維空間圖的模型來做說明，實際上要解的問題，則會是更複雜的高次元空間勢能景觀。因此是要在全域最小解在哪裡都沒有頭緒的狀況下來探尋解。此外，在很多情況下，都是連好不容易找到的解也無法判斷其是局部最小解還是全域最小解。這就是為什麼利用易辛機獲得的解之所以多為近似解而非精確解的原因。

● **演算法**

以下將用易辛模型為例來說明具體的演算法。自旋方向的組合以 $s=(s_1、s_2、s_3\cdots)$ 來表示，我們稱此為「自旋狀態」。

先要做的準備是，將溫度的參數 T 設定為十分高的值。自旋方向最初的設定值組合是像 $s=(-1、1、1\cdots)$ 這樣隨機分配 1 或 -1。之後重複如下的順序。

1. 隨機選擇一個自旋並反轉其方向（符號）。
   設反轉前後的狀態分別為 s_{old}、s_{int}。
2. 計算更新狀態的機率 p（稱為變遷率）

$$p=\exp\left(-\frac{\Delta H}{T}\right) \qquad (2.5)$$

在此，ΔH是表示能量的變化量。若將自旋狀態為s時的哈密頓算符寫作$H(s)$，則$\Delta H = H(s_{\text{int}}) - H(s_{\text{old}})$。

3. 使用採取從 0 到 1 數值的均勻分布隨機數 $r \in [0,1]$，決定要不要更新狀態。

$$\text{新的} s = \begin{cases} s_{\text{int}}, & r < p \quad （狀態更新） \\ s_{\text{old}}, & r \geq p \quad （維持原樣） \end{cases} \quad (2.6)$$

4. 重複幾次從順序 1 到順序 3 的步驟後，溫度會稍微降低些，然後再次重複。

若溫度已經降得很低，幾乎無法再進行狀態變遷，更新就結束了。

要降低溫度有各種方法。例如若決定要每次減少 1 成的方式降低，有個方法是將下一個溫度設為 $0.9T$。愈是低溫愈是會緩慢降溫。又或者是決定好降幅為 ΔT 後設為 $T - \Delta T$。這時候必須在 $T < 0$ 之前停止計算。

也可以選擇數重複從順序 1 到順序 3 的次數。或是可以數狀態更新的次數，或者不論狀態是否更新，都去數重複的次數。不論怎麼說，重複次數愈多，愈能緩慢降低溫度。

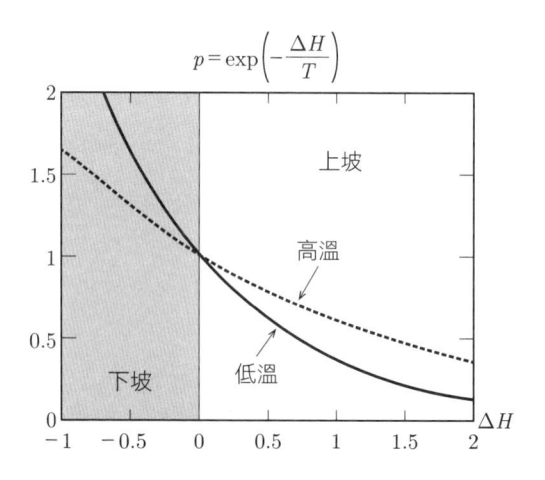

圖 **2.7** 變遷率的圖。縱軸為變遷率 p，橫軸為能量化量ΔH。實線為 $T = $ **1** 時（低溫），虛線為 $T = $ **2** 時（高溫）。

在此來試著看能量的變化量以及溫度與變遷率的關係吧。**圖 2.7** 就是用圖表形式將式子（2.5）表示成 $T = 1$ 時（低溫）以及 $T = 2$ 時（高溫）。變更後的能量較低，所以 $\Delta H \leq 0$ 的範圍會對應到下坡。在下坡中確實會出現狀態更新，但在上坡時，變遷率為 P 也會出現狀態更新。觀察上坡的範圍會發現，能量變化量 ΔH 愈大，變遷率就愈小。此外比較一下相同能量變化後可知，高溫比起低溫的變遷率較高。也就是說，高溫比較容易上坡。

但是在順序 3 中已經決定好是否要使用亂數來進行狀態更新，那為什麼因此在遷移率 p 時能進行狀態更新呢？首先來思考一下 $p > 1$ 的情況吧。因為 $0 \leq r \leq 1$，所以一定會變成是 $r \leq p$，狀態會被更新。在式子（2.5）中 $\Delta H \leq 0$ 時 $p > 1$，是對應到下坡。也就是說，在下坡中一定會出現狀態更新。

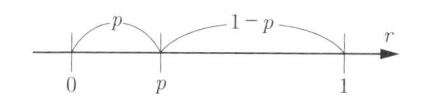

圖 2.8 表示 r 與遷移率 p 的關係的數線。

其次來想一下 $0 < p < 1$ 的情況吧〔不會因為式子（2.5）而有 $p \leq 0$ 的情況〕。誠如能從**圖 2.8** 數線得知的那樣，$0 \leq r \leq p$ 的部分長度為 p，而 $p \leq r \leq 1$ 的長度為 $1\text{-}p$。在此的重點是 r 被給定為均勻分布隨機數。均勻分布隨機數就是從 0 到 1 的任一實數被選中的機率都一樣。因此從 $0 \leq r \leq p$ 與 $p \leq r \leq 1$ 各自部分選出 r 值的機率，會與各部分的長度成比例。現在的情況是從 0 到 1 的整體長度為 1，所以各機率就是該部分的長度。

並行退火

並行退火是比模擬退火能更有效率探尋最佳解的演算法,也稱做 replica exchange sampling。replica 是複製品的意思。準備多個相同問題的複製態,從低溫到高溫設定不同的溫度。在各複製態上獨立地重複進行模擬退火的順序 1 到順序 3。重複多次後就有一定機率會互換複製態(**圖 2.9**)。該機率會由成為互換候選的兩個複製態溫度與能量來決定。各複製態上的狀態更新是並行的,所以被稱為並行退火 (parallel tempering)。

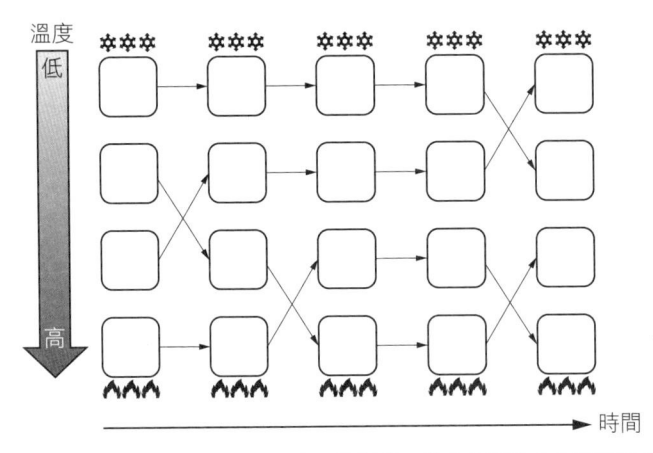

圖 2.9 並行退火概念圖。各四角表示複製態,其中會重複多次狀態更新。

感覺就像是高溫的複製態(replica)會在大範圍中進行探索,而低溫的複製態則會聚焦於局部區域,探索局部極小值附近的解。偶爾透過互換複製態,低溫複製態就能跳脫局部最小解。此外,高溫複製態則能在降溫後深入探索先前發現的區域。如此就能有效率地探尋全域最小解。

易辛機處理的基本上只有易辛模型或QUBO形式的問題，但模擬退火以及並行退火能適用的問題則不僅止於此。實際上會利用在各領域中。例如並行退火也會用來預測蛋白質的立體構造，以及應用來解析天文學・地球科學領域的資料。這些問題若是用易辛模型或QUBO形式來表現，也能用易辛機來解，但卻必須討論一下其是否能有效率的解題。

2.2.3　量子退火

● 量子退火的模樣

退火型量子電腦會實行「量子退火」。模擬退火是利用溫度來控制熱擾動，但量子退火則是利用**量子擾動**。「擾動」是改變狀態的驅動力。但是熱擾動與量子擾動的作用是不一樣的。熱擾動的作用是讓狀態直接變化，另一方面，量子擾動的作用則是妨礙固定狀態。

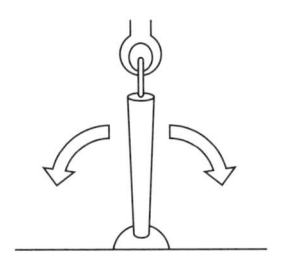

圖 2.10　將棍子一端固定在地面上並向上拉。
如果什麼都不做，就會往左或右傾倒。

為了讓大家稍微容易想像，我將使用古典力學的比喻來說明。請設想有個如圖 2.10 的裝置。將立放著就會不穩定的棍子固定好下端，使其只會倒向右邊以及左邊兩個方向。在棍子上端綁上橡皮圈並拉扯。強力拉棍子時，棍子就會一直朝上。也就是說，會變成無法固定下是往右還是往左的狀態。這就是對應量子擾動的強狀態。若放鬆拉扯住棍子的橡皮圈，棍子就會往右或往左倒。就常識去想，倒往右邊的棍子最終會一直倒在右邊吧。可是在量子力學的世界裡，情況有點不一樣。明明快要往右邊倒下時往右倒的機率會比較高，但也有機率會往左邊倒。而這個機率就取決於量子擾動的強度。量子退火就是利用了這個奇妙的性質。

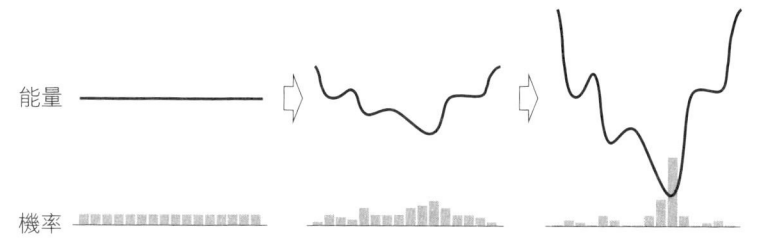

圖 2.11 量子退火概念圖。長條圖是各狀態的實現機率。

在此，請試著回想一下勢能景觀。在模擬退火中，視問題的情況，勢能景觀的狀態會隨著時間而改變。與之相對，量子退火則是勢能景觀本身會隨時間改變。如**圖 2.11**，起初是平坦的，漸漸地峰、谷會變明顯，最後會受到問題影響而成為對應的勢能景觀。過程中，狀態的實現機率會有所變化。量子電腦不會穩定住計算中的量子位元狀態，要測定後才會確定狀態。所謂的狀態實現機率，就是在測定時該狀態實現的機率。一開始，不論什麼狀態的實現機率都一樣，但會隨著勢能景觀做變化。在低谷處，實現機率會提高；在高峰處則會降低。理論上，最終在最深的低谷處實現機率會最大。

● **探索解的方法**

量子退火中，表示能量的哈密頓算符是由表示量子擾動的項目與表示應解最佳化問題的項所組成。各項會有時間上的變化，所以使用表示時間的參數 s，用下面的式子來定義。

$$H(s) = A(s)H_d + B(s)H_p \tag{2.7}$$

H_d 是量子擾動的哈密頓算符，下標的 d 是 driving（驅動）的意思。H_p 是表示最佳化問題的哈密頓算符，也就是易辛模型。下標的 p 是 problem（問題）的 p。s 是從 0 到 1 增加的參數，設時刻

為 t、用在退火的時間為 T,則 $s = t/T$。$A(s)$ 是在 $s = 0$ 時為極大值,$s = 1$ 時會成為 0 的遞減函數。反過來說,$B(s)$ 是 $s = 0$ 時為 0,$s = 1$ 時為極大值的遞增函數。

在此稍微深入說明一下式子(2.7)的意思。例如假設:

$$A(s) = 1 - s, \qquad B(s) = s \qquad (2.8)$$

一開始是 $s = 0$ 所以 $A(0) = 1$、$B(0) = 0$。此時哈密頓算符是 $H(0) = H_d$,只會成為量子擾動的項目。H_d 的基態是全部組合的實現機率相等的狀態。隨著時間推移,量子擾動會變小,易辛模型的影響會增強。最終在 $s = 1$ 時,$A(1) = 0$、$B(1) = 1$,所以 $H(1) = H_p$。H_p 的基態是易辛模型的基態,也就是最佳化問題的解。

量子退火的重點是 s 的時間變化會十分緩慢地進行。若將 $s = 0$ 的基態設為初始狀態,讓其足夠緩慢地變化,各時刻中的狀態就都是走向該時刻哈密頓算符的基態。這就是在理論上證明了**量子絕熱定理**。所謂「絕熱」就是「足夠緩慢」的意思。不過就精密的意義來說,也含有要花上非常長的時間、不切實際的時間的可能性。

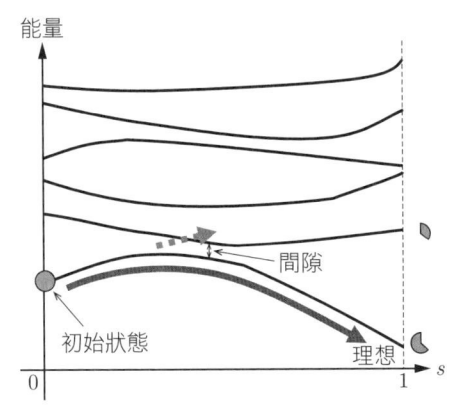

圖 2.12 能量頻譜結構圖。
橫軸是時間參數 s。縱軸是能量。

統整一下內容可以得出，「從已知的 H_d 的基態出發，並花上足夠的時間，自然就會抵達未知的 H_p 基態」就稱為量子退火。那麼若時間變化不夠緩慢時的情況又是如何呢？其實若時間變化不夠慢，就會輕易地偏離基態。

以下使用**圖 2.12** 的能量頻譜來做說明。我們稱劃分各狀態能量的東西為能量頻譜。縱軸為能量，橫軸為時間的參數 s。初始狀態是用灰色圓形表示的 $s = 0$ 時的基態。若有花上足夠長的時間，就會抵達最下方的線，但若沒有，有一部分就會跳到隔壁的線上。該結果就是，最後，H_p 的基態，也就是獲得要解的最佳化問題精確解機率會降低。圖 2.12 右邊的扇形是模式化地來表示該能量狀態的實現機率。途中不穩定的機率會取決於時間變化的速度，以及與鄰近狀態的能量差（間隙）。與基態的能量間隙愈小，就須要花愈長的時間。

量子退火有時也會被稱為**絕熱量子計算**。兩者就理論上來說，方法是一樣的。量子退火是關注在組合最佳化問題上，也包含了無法完全絕熱的情況。另一方面，絕熱量子計算則是聚焦在絕熱性時間變化上。

退火型量子電腦其實不一定非要花上足夠長的時間。因為如第 1 章中說明的那樣，會有雜訊的影響，而且量子位元保有量子性（quantumness）的時間有限。不過，即便是短時間，大多時候也能獲得更好的近似解。此外，只要將來的退火型量子電腦性能有所提升，獲得精確解的機率也將可望獲得提升。

模擬量子退火

模擬量子退火是利用古典電腦來模擬量子退火的一種方法。用的是**路徑積分量子蒙地卡羅法**這個方法。路徑積分量子蒙地卡羅法是將量子退火的哈密頓算符對應到高一維度的易辛模型的方法。不過我們會使用如下的式子來代替式子（2.7）。

$$H = H_\mathrm{p} + \Gamma H_\mathrm{d} \qquad (2.9)$$

這稱為橫場易辛模型〔式子（2.7）也一樣，也這麼稱呼〕。因為易辛模型 H_p 的自旋是 z 方向（向上或向下），但相對的，H_d 的自旋方向為 x 方向。Γ 是表示量子擾動強度的參數。

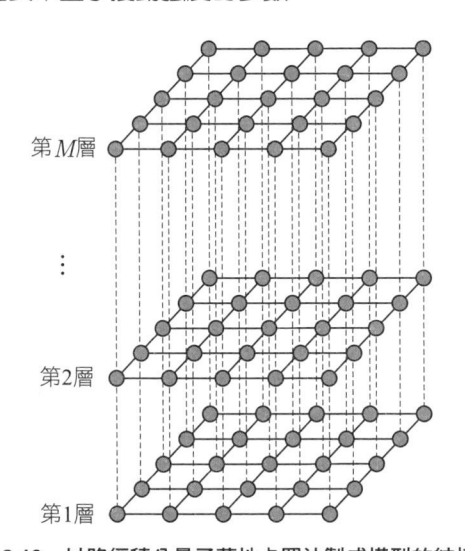

圖 2.13　以路徑積分量子蒙地卡羅法製成模型的結構圖

路徑積分量子蒙地卡羅法如**圖2.13**，使用了堆積多層複製態構造的易辛模型。各層是本來的易辛模型，而各自旋會與隔壁層相同位置的自旋相互作用。各層間的相互作用會反映出量子擾動的強度。我們會使用這個模型來代替式子（2.9），並根據蒙地卡羅法來進行模擬。

模擬量子退火的演算法幾乎與模擬退火的步驟相同。不過，比起降低溫度 T，取而代之的是會減小量子擾動的強度 Γ。最後計算各層易辛模型的能量，並將能量最小層的狀態當作解。

　　若為將量子退火當作量子系統直接地模擬來做比較，則模擬量子退火相較來說可以處理較大尺寸的問題。例如由 N 個自旋組成的量子系統中須要處理 2^N 維度的向量。與之相對，模擬量子退火若層數是從 M 開始，只要處理 NM 個的變量就好。因此模擬量子退火可作為用古典電腦模仿量子退火的強有力方法，主要是使用在研究用途上。

2.2.4 利用分岔現象的易辛機

第 1 章介紹到的相干易辛機（Coherent Ising machine：CIM）與模擬分叉演算法（Simulated Bifurcation Algorithm：SBA）是利用做為演算機制的**分岔現象**。分岔現象有好幾種類型，但在這些易辛機中則是會出現叉式分岔。

● 叉分岔

首先來思考一下如下的微分方程式：

$$\frac{dx}{dt}=-\frac{dV}{dx} \qquad (2.10)$$

這是表示 x 的時間演化（隨著時間的推移，x 會有怎樣的變化）。V 被稱為電位（也就是位能）。式子（2.10）的意思是在電位斜坡的相反方向（下坡的方向）賦予 x 的時間微分，也就是速度。

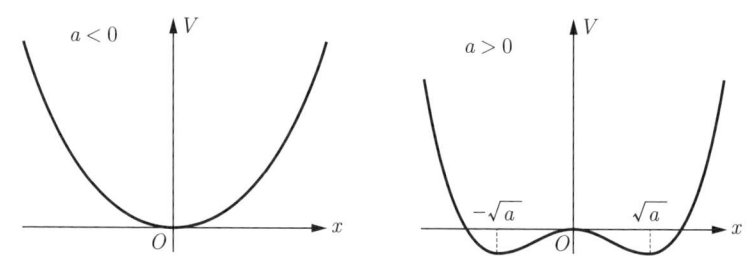

圖 2.14　式子（2.11）的電位形式

在此以如下的式子來賦予電位

$$V(x)=-\frac{1}{2}ax^2+\frac{1}{4}x^4 \qquad (2.11)$$

a 是實數的參數。$a < 0$ 時，會如**圖 2.14** 左邊那樣，$x = 0$ 時獲得極小值。$a > 0$ 時，會如圖 2.14 右邊那樣，$x = 0$ 時獲得極大

值,而 $x = \pm\sqrt{a}$ 時則會獲得極小值。也就是說,在 $a < 0$ 時雖然谷只有一個,但若是增加了 a,變成 $a > 0$ 時,谷就會變成峰,並出現兩個新的谷。

讓我們再回到微分方程式。將式子（2.11）代入式子（2.10）後可得

$$\frac{dx}{dt} = ax - x^3 \qquad (2.12)$$

首先來思考一下這個方程式時間沒有變化的解,也就是設左邊為 0 時的實數解。像這樣的解我們就稱之為**定點**。$a < 0$ 時 x 只會等於 0。$a > 0$ 時,x 則有 0、$\pm\sqrt{a}$ 三個定點。

其次,來試著思考一下各定點的穩定性。x 稍微偏離某定點時,若是靠近（回歸）該定點就是穩定,若是遠離該定點就是不穩定。其實這個穩定性能從圖 2.14 的電位來判斷。是接近還是遠離取決於速度 dx/dt,但那是因為透過式子（2.10）,賦予電位坡度的反方向所造成的。亦即是因為往下坡方向移動了。因此,極小對應著穩定,而極大則對應著不穩定的定點。$a < 0$ 時,$x = 0$ 是穩定的定點。$a > 0$ 時,$x = 0$ 就是不穩定的定點,而 $x = \pm\sqrt{a}$ 則是穩定的定點。

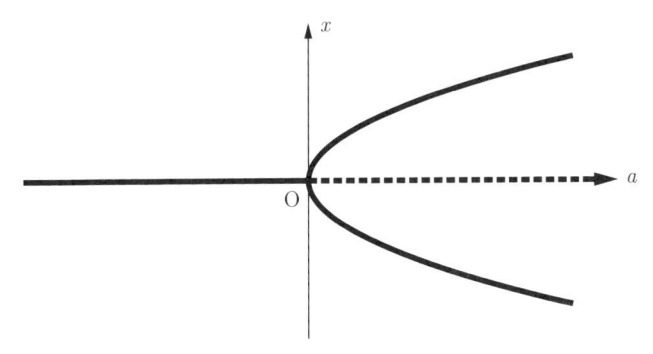

圖 2.15 式子（2.12）的分支圖。實線是穩定的定點。虛線是不穩定的定點。

就像這樣，透過改變參數，定點個數及性質就會產生變化的現象，我們就稱為分岔現象，而表示分岔模樣的圖，就稱為**分支圖**。圖 **2.15** 即式子（2.12）的分支圖[*1]。縱軸是 x，橫軸是參數 a。實線是穩定的定點，虛線則表示不穩定的定點。將 a 從負值開始增加，可得知在 $a = 0$ 時會分岔。

● 相干易辛機

相干易辛機是使用簡併光學參變振盪器（Degenerate Optical Parametric Oscillator, DOPO）的特殊光學脈波的易辛機。DOPO 的特徵是相位為 0 或 π。這能對應到易辛模型的自旋方向（1 或 –1）。相位限定於兩種的狀態會對應到發生叉式分岔後的狀態。相干易辛機在各 DOPO 發生分岔前起就會透過測定・回饋法來形成 DOPO 脈波間的相互作用（耦合）。因此會形成 DOPO 的網路，並能夠表現易辛模型。

在此來使用微分方程式說明演算的機制。設對應第 i 個 DOPO 脈波相位的變數為 x_i。但 x_i 是實數，該值不是相位本身，而是設其符號會對應到自旋的方向。此時，對應的微分方程式可以寫成如下：

$$\frac{dx_i}{dt} = ax_i - x_i^3 - \sum_{j(\neq i)} J_{i,j} x_j \qquad (2.13)$$

在此為了簡單說明，假設沒有易辛模型的一次項〔式子（2.1）的 $h_i = 0$〕。右邊第三項的和是表示與第 i 個變數有耦合的變數的和。

式子（2.13）是在式子（2.12）的右邊加上對應易辛模型的部分。若假設變數的數目（自旋數）為 N 個，式子（2.13）就會是 N 個聯立微分方程式。

[*1] 圖 2.15 類型的分岔形式是模仿乾草叉（pitchfork）這個農具 所以被稱為叉式分岔（Pitchfork bifurcation）。

2.2 易辛機的運算機制

　　試著來思考一下式子（2.13）的定點吧。若直接說明會非常複雜，所以就假設「所有變數的絕對值相等只有符號不一樣」。也就是說，假設 $x_i = xs_i$，但是 $s_i = \pm 1$。這麼一來，也容易理解與易辛模型的對應。將 $x_i = xs_i$ 代入式子（2.13）中，左邊放 0，再在兩邊加上 s_i。

$$0 = as_i^2 x - s_i^4 x^3 - \sum_{j(\neq i)} J_{i,j} s_i s_j x \qquad (2.14)$$

　　接下來，取與所有項式相關的 i 的和。因為 $s_i = \pm 1$，考慮到 s_i^2 時，就式子（2.14）右邊第一項與第二項來看，s_i 就消失了。因此只要在這些項式中加上變數的數目 N 就好。亦即會變成：

$$0 = N(ax - x^3) - \sum_{(i,j)} J_{i,j} s_i s_j x \qquad (2.15)$$

把兩邊除以 N 並統整起來，就是

$$0 = \left(a - x^2 - \frac{1}{N} \sum_{(i,j)} J_{i,j} s_i s_j\right) x \qquad (2.16)$$

在此若令

$$H = \frac{1}{N} \sum_{(i,j)} J_{i,j} s_i s_j \qquad (2.17)$$

這時式子（2.16）的實數解在 $a < H$ 時只有 $x = 0$。$a > H$ 時則是 $x = 0$、$\pm\sqrt{a-H}$ 三者。也就是說，在 $a = H$ 時會發生叉分岔。定點的穩定性與沒有 H 時的討論一樣，所以 $a < H$ 時，$x = 0$ 是穩定定點。$a > H$ 時，$x = 0$ 會變成不穩定定點，而且 $x = \pm\sqrt{a-H}$ 會成為穩定定點。不過因為 x 是絕對值（自旋的大小），所以不考慮負的值。

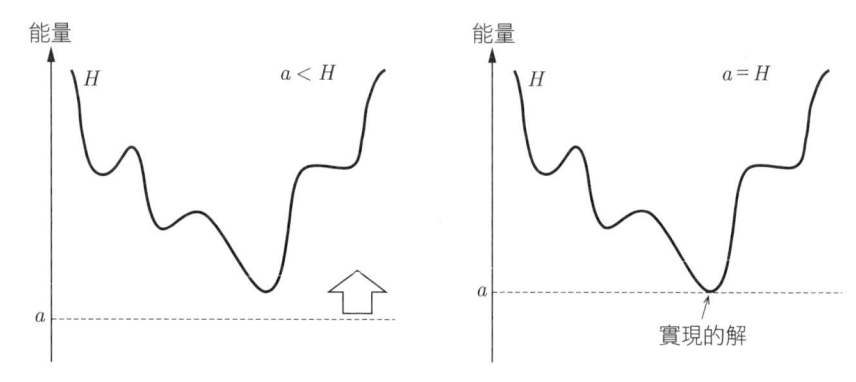

圖 2.16　相干易辛機的計算演算機制模式圖

式子（2.17）是（雖然是 1／N 倍）易辛機模型的哈密頓算符。將參數 a 從微小值開始增加，就會如**圖 2.16** 那樣在哈密頓算符全域最小解處，才會是 a = H。這麼一來，之前本來穩定的 x = 0 就會變得不穩定，所以 x 會增加。亦即，a 較小的時候，自旋的大小是 0，是處於無法辨別朝向的狀態，但若是發生了分岔，易辛模型的基態就會自然而然地出現。不過其他的易辛機不一定也一樣會獲得基態。在此為了進行理論上的說明而做出了理想的假設，但實際上，該假設不一定會成立。

● **模擬分叉算法**

模擬分叉算法與相干易辛機一樣，都是利用了分叉現象的演算法，但方程式的形式有一點不一樣。除了變數 x_i，還利用了另一個變數 y_i，是使用了如下的聯立微分方程式。

$$\frac{dx_i}{dt} = y_i \quad (2.18)$$

$$\frac{dy_i}{dt} = (p-1)x_i - x_i^3 - \sum_{j(\neq i)} J_{i,j} x_j \quad (2.19)$$

本來還有更多的參數，但在此為了說明，將採用為常數的參數全都設為 1。沒有式子（2.19）右邊第 3 項時，是被稱為（非衰減且非強制的）**杜芬（Duffing）振子**的方程式。振子就是振動子，此時請想成是稍微有些特殊的振子。x_i 是第 i 個振子的位置，y_i 表示其運動量。因為有式子（2.19）右邊第 3 項，振動子間才能耦合。

式子（2.19）右邊若換成是 $p-1=a$ 就會和式子（2.13）的右邊相同。亦即將 p 從最小值開始慢慢增加，在某值時就會發生分岔現象。p 值小時的式子（2.18）與（2.19）的定點只為（x_i, y_i）＝（0,0），分岔後，這個定點就會變得不穩定。如此，其機制就會與相干易辛機的情況一樣，會出現易辛模型的基態。不過，其也依舊與相干易辛機的情況一樣，不一定會獲得基態，亦即不一定能獲得組合最佳化問題的精確解。即便如此，也能期待其與其他易辛機一樣，能高速地獲得較好的近似解。

用模擬分叉算法能高速進行演算的重點就在式子（2.18）與（2.19）會形成適合平行計算的形式。在 x 的更新中只使用 y 的資訊，在 y 的更新中只使用 x 的資訊，因此能獨力更新各變數。

2.3 能解決問題的必要事項

在此要逐級說明用易辛機來解決問題的步驟。不論是利用哪種易辛機的情況,這些步驟都是共通且基本的。

2.3.1 解題步驟

要用易辛機來解題,直到進行演算前,有幾個必要的步驟。統整如下。

1. 將想解的問題表現為組合最佳化問題
2. 用二元變數來表示目標函數(公式化)
3. 將目標函數變成二次多項式
4. 用易辛機來進行演算
5. 驗證結果
6. 如有須要,調整參數並回到步驟4

易辛機是能高速解決組合最佳化問題的電腦,所以步驟1是應該一開始就要思考的。乍看之下與組合最佳化無關的問題,很多時候其實也能表示為組合最佳化問題。在第1章也稍微介紹過了,但在第3章與第4章會做更具體的說明。

步驟2與步驟3是實際解題時最重要的部分。若能做好,幾乎就能解開所有問題。具體方法之後會再詳細說明。

從步驟4到步驟6有時會得要重複好幾次。在步驟5則是要檢測獲得的演算結果是否為較好的近似解。易辛機通常能針對一組目標函數的參數進行多次的演算。典型的使用法是從那些多次

結果中選擇最好的結果。因為會使用與易辛機不同的演算法於後續處理計算結果，有時就能求得更好的解。然而無法獲得較好近似解時，就要變更目標函數的參數，並用易辛機再度進行演算。這就是步驟6。詳細之後會再說明。

2.3.2 公式化

所謂的公式化就是使用數學式來表示。在此指的是用數學式來表示能解決組合最佳化問題的目標函數（哈密頓算符）。易辛機處理的目標函數是二元變數的二次多項式形式。可是不須要一開始就思考那個形式的目標函數。因為有用二元變數來表現多元變數的方法，以及將高次多項式變換成二次多項式的方法。

● 設定目標函數

要設定目標函數，首先要考慮該選擇將何者的量最小化。想將成本最小化，或是想將距離最小化等，要具體思考應該最小化的量。又或者即便量是最大化也沒關係。因為只要將應該最大化的目標函數加上負號，就會變成最小化問題。

在此假設將最小化目標函數的值稱為能量。之後只要組成能讓解的狀態為最小能量的式子就好。反過來說，非解的狀態就是能量很高。這就是基本概念。

● 多元變數的表示方法

要表示目標函數，比起二元變數，大多時候會使用**多元變數**。用二元變數來表現多元變數的方法有好幾個，但在此就介紹兩個方法。

表 2.1　個位數「3」的 one-hot 編碼表示

變數	x_0	x_1	x_2	x_3	x_4	x_5	x_6	x_7	x_8	x_9
值	0	0	0	1	0	0	0	0	0	0

第一個是 **one-hot 編碼**表示，也稱為 one-hot Encoding（獨熱編碼）。為每個多元變數準備多個二元變數，而且假設其中只有一個變數的值為 1，其他所有變數的值則為 0。因為只有一個為 1（也就是 hot）就用 one-hot 來表現。例如將個位數用作變數時，就要準備 10 的二元變數 x_i（$i = 0$、⋯、9）。若用這個二元變數來表示數字的「3」，就會如**表 2.1** 那樣，只有 x_3 是 1，其他的變數都會是 0。這個方法就算是多值，在數字沒那麼多的情況下也是有效的。

表 2.2　10 進制與 2 進制

10進制	0	1	2	3	4	5	6	7	8	9
2進制	0	1	10	11	100	101	110	111	1000	1001

第二個是 **2 進制表示**，也稱為 Log 編碼。想設位數較多的整數或實數為變數時，若用 one-hot 編碼，二元變數的數量就會變得過多。這時 2 進制可以用較少的二元變數來表現，很方便。跟前面例子一樣，來思考一下將個位數字用作變數的情況吧。**表 2.2** 是 10 進制與 2 進制的對應表。10 進制中若是個位數字，可以得知，2 進制中最大就會變成 4 位數。也就是說二元變數只要準備好四個就可以了。

表 2.3　10 進制的數字「3」的 2 進制表現

變數	x_3	x_2	x_1	x_0
值	0	0	1	1

那麼試著來用 2 進制表現的二元變數來表現數字的「3」吧。變數 x_i 是表示 2^i 位的數字。10 進制的「3」在 2 進制中為「11」，所以 2^0 位與 2^1 位為 1，其他全都為 0。亦即，會變成如**表 2.3** 那樣。在這張表中，是按照位數的順序來排列變數的順序。

● 約束條件

組合最佳化問題中，有時會被施以某種約束條件。使用易辛機解題時，約束條件也得表示在目標函數中。

例如變數 x_1、x_2、x_3 的和是 2，亦即來思考一下滿足如下式子的約束。

$$x_1 + x_2 + x_3 = 2 \qquad (2.20)$$

要滿足這個約束條件該怎麼做呢？有一個單純易懂的方法很常使用，那就是**懲罰函式法**（penalty method）。如果沒有滿足約束就施以懲罰，也就是提高能量的方法。將式子（2.20）做為約束加上時即是將下列式子加到目標函數上。

$$A(x_1 + x_2 + x_3 - 2)^2 \qquad (2.21)$$

而且 A 是表示懲罰強度的參數，為正值。式子（2.21）只有 $x_1 + x_2 + x_3 = 2$ 的情況下為 0，其他情況下因為是平方，一定會是正值，所以若沒有滿足約束，能量就會提升。

用 one-hot 編碼表示多元變數時，同樣需要約束條件。例如用 one-hot 編碼表示個位數字時，在 10 個變數中只有一個是 1，其他為 0，所以滿足全部變數的值時，一定剛好會是 1。要施以這個約束條件只要加上以下的目標函數就好。

$$A\left(\sum_{i=0}^{9} x_i - 1\right)^2 \tag{2.22}$$

不過，A 是擁有正值的參數。

像這樣，約束用等式表示時可以簡單地公式化。那麼約束用不等式表示時又會如何呢？其實這種情況下的公式化有點複雜。使用相伴變數就能將不等式約束改寫為等式約束。詳細會在第 3 章中以具體例子來說明。

2.3.3 變為 2 次多項式

使用易辛機進行演算時，二次多項式係數集也就是

$$\sum_{(i,j)} J_{i,j} x_i x_j + \sum_i h_i x_i \tag{2.23}$$

的 $J_{i,j}$ 與 h_i 會是輸入值。因此，例如式子（2.21）與式子（2.22）就不會維持那樣的形式，而必須展開統整為二次多項式。不過，此時可以無視出現的常數項（不包含 x_i 的項）。因為常數項只會改變目標函數全體的值，不會對將之最小化的變數組合有影響。

目標函數充其量是用二次式來表示時，轉換成二次多項式就會是個簡單的作業。然而，想做出複雜的公式化時，因為途中演算容易出現失誤，所以要注意。能用易辛機進行演算的程序設計的程式庫（套件）也有一個工具是，若用自然的形式公式化，就會自動進行轉換成二次多項式。其實進行程式設計時，也可以考慮好好利用像這樣的工具。

● 高次多項式

如果目標函數為三次式以上，就要轉變為二次多項式。不過，這個作業並沒有那麼單純。在此以三次式的情況為例來說明。將 x_1、x_2、x_3 設為取 0 或 1 的值的二元變數。$x_1 x_2 x_3$ 的三次式假設使用輔助變數 x_4，就能如下表示。

$$x_1 x_2 x_3 = x_3 x_4 \tag{2.24}$$

因此，設

$$x_4 = x_1 x_2 \tag{2.25}$$

表 2.4　式子（2.25）的真值與式子（2.26）的值

x_1	x_2	x_4	$x_4 = x_1 x_2$	H_{pn}
0	0	0	真	0
0	0	1	假	3
0	1	0	真	0
0	1	1	假	1
1	0	0	真	0
1	0	1	假	1
1	1	0	假	1
1	1	1	真	0

該怎麼做才能對式子（2.25）施以約束呢？若像剛才說明的方法那樣，取兩邊的差平方，則接下來就會出現三次項或四次項。因此必須用別的方法給予懲罰。例如用下方式子來定義懲罰吧。

$$H_{pn} = x_1 x_2 - 2 x_1 x_4 - 2 x_2 x_4 + 3 x_4 \tag{2.26}$$

這麼一來，就能從**表 2.4** 得知，滿足式子（2.25）時 $H_{pa} = 0$，不滿足時，$H_{pa} > 0$。亦即，只要用 x_3、x_4 置換目標函數中的 $x_1 x_2 x_3$ 項，同時加上 H_{pa}（因為是加上有正值的參數），就能將三次多項式變換成二次多項式。

用二次多項式來表現高次多項式的方法不只有一種。在此說明的方法只是其中一例。不過，不論是下什麼樣的工夫，都不可避免的需要輔助變數。此外，次數愈高，輔助變數的數量也愈多，目標函數就會變得更複雜。在公式化的階段，最好盡可能避免高次項。

2.3.4　驗證進行結果與調整參數

若獲得了用易辛機進行演算的結果，就要驗證該結果。例如要確認如下事項。

- 獲得的解是否滿足約束條件？
- 如果在理論上得知目標函數最小值，則是否獲得了與之十分接近的值？
- 若無法從理論上得知目標函數最小值，則是否有獲得能滿足的近似解？

從理論上得知目標函數最小值時，即便最佳解本身是未知的，卻也知道了關於最佳解的目標函數的值。例如僅用表示約束條件的平方形式懲罰項所寫的目標函數就與此相當。若存在有滿足約束的解，關於最佳解的目標含數值就一定是 0。

獲得的解稍微打破了約束時，也能用傳統電腦來進行後續處理以滿足約束。用易辛機並不一定能獲得精確解，為了能求得更好的近似解，有時會使用不同於易辛機的演算法來進行後續處理。

● **調整參數**

　　即便如此仍無法獲得更好的執行結果時，就要再度進行演算。幾乎所有的易辛機針對一組目標函數的參數都會進行多次的演算，也能指定演算次數。透過增加次數，有時就能提高獲得更好近似解的可能性。

　　再度進行演算時，要一邊調整參數，一邊尋找好的近似解。例如表示約束條件的懲罰項包含在目標函數中時，就要調整表示懲罰強度的參數。式子（2.21）以及式子（2.22）的 A 就是這樣的情況。我們有時會稱像這樣的參數為超參數。此外我們會稱超參數的調整為「調校」（tuning）。

　　例如未能獲得滿足約束條件的解時，就要加大表示懲罰強度的超參數值。不過，這個超參數的值也不可以過大。若值過大，就會把重點放在滿足約束條件上，而容易輕視了最重要、想最小化的量。我們必須將超參數調整到剛剛好的值。

　　若約束條件有多個，或目標函數中想最小化的量也含有多個時，應該要調整的超參數數量也會變多。調校超參數最簡單的方法就是決定好各超參數的數值範圍，一邊一點一滴改變值，一邊嘗試所有值的組合。可是若超參數的數量增多，就要增加非常多的時間與精力在這個方法上，所以是很沒效率的。目前已提出了好幾個有效率調整參數的方法，而其本身也成了研究開發的對象[*1]。

＊**1**　例如以下論文中就有提出一種調整超參數的方法：M. Parizy, N. Kakuko, N. Togawa, Fast Hyperparameter Tuning fot Ising Machines,2023 IEEE *International Conference on Consumer Electronics(ICCE)*, IEEE, pp. 1-6 (2023)

2.4 解題前的注意要點

前一節中，說明過了用易辛機解題的步驟。在此要舉出幾個在那之前應該要注意的相關要點。

2.4.1 取捨要用易辛機解決的問題

易辛機並不能高速解決所有問題，所以須要選擇要解的問題。組合最佳化問題或是必要演算的一部分是組合最佳化問題的問題，就有用易辛機來解的價值。因為一般來說，用傳統電腦來解組合最佳化問題很花時間。可是視問題的不同，有時傳統型電腦也會知道能非常有效率進行演算的演算法。關於像那樣的問題，有時用易辛機來解題就不太有利。

針對各個問題都有各別討論的必要，但一般來說要判斷用易辛機來解題是有利還是不利，只要討論如下幾點即可。

- 是否為組合最佳化問題

　　二元變數或多元變數等用離散變數來表示的最佳化問題幾乎都是組合最佳化問題。反過來說，變數是實數等連續變數的情況下，就無法直接用易辛機來解。只要下點工夫是能求得近似解，但不利的情況很多。

- 問題的規模

　　規模大到一定程度的問題（雖也會視問題種類不同，但是有超過數千個變數的問題）使用易辛機來演算會比較有利，這點已經各種易辛機的相關研究證實了。

變數的數量只有幾個的小規模問題,用傳統型電腦就已經能進行夠快速的演算,所以使用易辛機並沒什麼優點。

- 問題的複雜度

若是單純的問題,即便是用傳統型電腦也能簡單解決。反過來說,若是變數間相互作用(耦合)很複雜,屬於「彼方成立,此方就不成立」這種狀況的問題時,用易辛機來解題就很有利。

不過,約束條件數過多,或是因為不等式約束而需要多個輔助變數時,有時也會變得不利。原因之一就是要花費時間與精力去調整約束條件的參數。另一點是,易辛機所解問題的規模,只有輔助變數部分會變得更大。因此問題可能會比用傳統型電腦來解時變得更為複雜。

● 摸索用易辛機解題方法的意義

前面說過必須取捨要解的問題,但實際上,有時不試試看不會知道。試著去解解看之後,即便獲得的結論是該問題用易辛機去解很不利,就摸索解題方法來說也是有意義的。

原因之一是,即便用現在的易辛機來解是不利的,將來也有可能變成有利。近年,易辛機大型化、提升性能、增強機能等正以非常快的速度在發展。幾年後,用易辛機來解會比較有利的問題十分有可能會增加。

還有一個原因是,可將不利於用易辛機去解題的情況以及該原因回饋給開發者,而這將有助於改良易辛機。其實使用易辛機的研究成果或利用者的訴求正能支持急速發展的易辛機研究開發。

2.4.2 用易辛機可以處理的變數的數量

各易辛機能搭載有多少的物理位元可以從該易辛機相關的網站或宣傳資料得知。不過請注意，物理位元數不一定等同於可處理變數的數量。各易辛機不僅物理位元數不一樣，耦合的密度也有差。不一定所有的物理位元都會相互耦合。因此有時會用複數的物理位元來表示一個邏輯位元[*1]。邏輯位元的數量會對應變數的數量，所以耦合的密度愈小（鬆散），能處理的變數數量就愈少。

只要查閱各易辛機的相關網站，不僅是物理位元數，也能得知解全耦合問題時能處理的變數數量。不過不須要全耦合時，有時也能處理更多的變數。能處理的變數數量會因解題變數間的耦合（相互作用）而異，而非只有物理位元間的耦合。

● 嵌入

我們雖省略了解題的步驟說明，但其實視不同的易辛機，在進行演算前還有一項作業是使邏輯位元去對應到物理位元。這項作業被稱為**嵌入**。物理位元本就是全耦合的易辛機並不須要考慮這點。此外，即便是須要嵌入的情況下，多會準備好能自動進行嵌入程式庫的工具，或是在易辛機內部能自動處理。

嵌入的處理也會使用傳統電腦，但該演算本身有時很花時間。須要嵌入時，最好要注意關於該處理的負荷度。

[*1] 請參閱第 1 章 1.1.2 項的圖 1.5。

> **NEXT STEP** 本章中說明了利用易辛機演算的機制,以及用易辛機解題的基礎知識。即便第一次讀有讀不懂的地方也不用擔心。記住本章內容,碰到具體問題時,應該就會加深理解。下一章中將會舉出幾個典型的組合最佳化問題,說明其具體的解法。

Chapter 3

用易辛機解題

　　知道易辛機演算的基本後,就來學習具體公式化的方法吧。若能公式化,幾乎就等同於解決了問題。本章中,將要來處理典型的組合最佳化問題。能用易辛機解決的問題類型,只要應用本章中說明到的方法,幾乎就都能公式化。要理解公式化的基礎,就要從單純開始慢慢介紹到複雜。

Keyword
加權圖→邊上加權的圖
最大割問題→分割加權圖的邊並將節點分成兩群時,將分割邊權重總和最大化的問題
圖著色問題→在圖中要素(頂點與邊)上,分配色彩以滿足某種約束條件的問題
頂點著色→將頂點塗上不同顏色,以讓圖相鄰的頂點顏色不同
聚類分析→將資料分群的方法
等式約束→用等式來表示的約束
One-hot編碼→讓只有一個變數的值為1,其他所有變數的值都為0的表示法
One-hot約束→能讓one-hot編碼成立的約束
旅行推銷員問題→造訪多個都市一次時,求返回出發地最短路徑的問題
背包問題→塞入不會超出背包容量的物品,最大化那些物品總價值的問題
鬆弛變數→為了將最佳化問題中不等式約束變換成等式約束而導入的變數

3.1 最大割問題

最大割問題是將資料分成兩群的問題。例如考慮到人際關係而將活動參加者分成兩群時，就能應用最大割問題。用易辛機來解題時，能用沒有約束、最單純的形式進行公式化。最大割問題是經常會拿來用作比較易辛機性能的基準問題。

3.1.1 無約束最佳化

● 加權圖與最大割問題

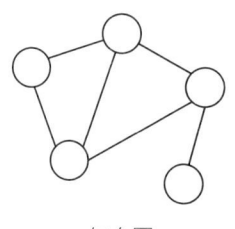

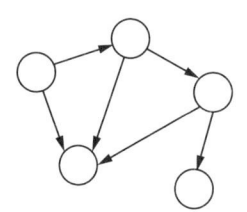

無向圖　　　　　　有向圖

圖 3.1　無向圖與有向圖

定義最大割問題前，來先說明一下**圖**吧。在此所說的圖是表示網路，所以是由節點（node）與邊（edge）的集合所組成。圖 3.1 中，白色圓形是節點，連接節點的線以及箭頭就是邊。邊沒有方向性的就稱為**無向圖**，有方向性的就稱為**有向圖**。此外，各邊加有權重的就稱為**加權圖**。邊的權重是表示該邊兩端節點間關係性的量。其含意會因為加權圖要表示的東西而有不同。

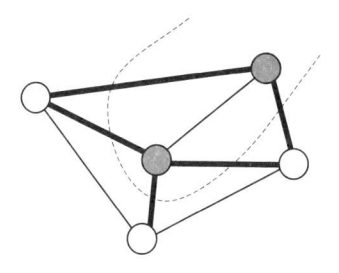

圖 3.2 最大割問題。粗線的邊的權重正值，細線為負值。用虛線來區分節點的群時，分割邊的權重會最大。

來思考一下如**圖 3.2** 那樣分割加權的無向圖，並將節點分為兩群的問題吧。分割邊兩端的節點分屬於不同的群。最大割問題就是讓此時分割邊權重為最大的問題。

設圖 3.2 圖的邊的權重是，粗線為正值，細線為負值。將粗線全部切斷，而細線則一條都沒切斷，則在這樣情況下的最大分割就是如虛線那樣的分割。以白色與灰色來表示用虛線將節點分群的結果，則細線兩端為相同顏色，而粗線兩端則為不同顏色。

● 公式化

設圖 3.2 的白色節點為向上自旋，灰色節點為向下自旋，若將邊的權重換說成是自旋間的相互作用，就能用易辛模型來表現最大分割問題。屬於目標函數的哈密頓算符可用下方式子來表示。

$$H = \sum_{(i,j) \in E} J_{i,j} s_i s_j \quad (3.1)$$

右邊求和符號下的 $(I,j) \in E$ 是表示圖的邊的集合 E 相關和。(I,j) 的意思是連結第 i 個與第 j 個節點的邊。s_i 是表示第 i 個自旋的方向，其值為 1 或 –1（s_j 也是一樣的）。J_{ij} 是表示第 i 個與第 j 個自旋間相互作用的實數。哈密頓算符取最小值時，被切割的邊的權重會最大，所以能獲得最大割問題的解。

最大割問題是沒有約束的最佳化典型範例。式子（3.1）是單純的形式，沒有其他表示約束條件的項。但若是給予 $J_{i,j}$ 隨機實數時，就會有阻挫，變成難解的複雜問題。

即便是像這樣困難的問題，使用易辛機來解時，同樣是只要公式化，就約有一半能解。因為公式化後的步驟幾乎都是單純的作業。接下來就來解說關於各問題公式化的方法。

3.1.2　團體旅行分組

以具體例子來看，請試著思考一下將團體旅行分成兩組來搭乘巴士的情況。團體中，既有交情好的人也有交情不好的。例如將 8 人團體的人際關係設成如圖 3.3 那樣。用圓圈圈起來的數字表示人，細線是交情好的關係，粗線表示交情不好的關係。沒有用線連結到的，則是交情普通。請分成兩組，以盡可能讓交情好的人搭同一輛巴士，讓交情不好的人搭乘另一台巴士，同時要考慮平均各巴士的搭乘人數。

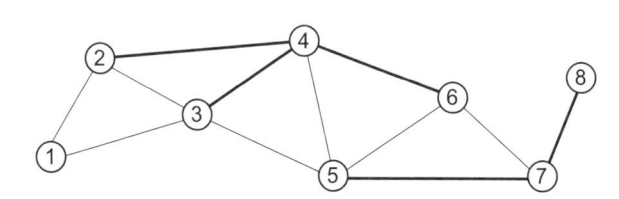

圖 3.3　參加團體旅行者的人際關係。
細線表示交情好，粗線表示交情不好的關係。

試著依序來思考吧。「1」與「2」與「3」似乎分在同一組比較好。這 3 人就設為白組吧。「4」與「2」「3」的交情不好，就分在別組並設其為黑組。那麼「5」該怎麼分呢？他似乎不論與「3」還是「4」的交情都很好，但這兩人被分在了不同的組別。

要選白還是黑很讓人游移不定吧。碰到這種情況時，只能將組別分成就全體來說盡可能較少不滿的。

在此試著將這種情況放入式子（3.1）中看看。將交情好的程度與交情不好的程度都想成是同等程度時，只要如下那樣給予 $J_{i,j}$ 就好。

$$\begin{cases} J_{2,4}=J_{3,4}=J_{4,6}=J_{5,7}=J_{7,8}=1 \\ J_{1,2}=J_{1,3}=J_{2,3}=J_{3,5}=J_{4,5}=J_{5,6}=J_{6,7}=-1 \end{cases} \quad (3.2)$$

交情好時可以分在同一組（自旋方向相同），所以設定 $J_{i,j} < 0$；而交情不好的可以分在不同組（自旋方向相反），所以設定 $J_{i,j} > 0$。值的大小不一定非得是相同的。若交情特別好也可以設 $J_{i,j}$ 為 -2 或 -3 等，若交情特別不好的則可以設為 2 或 3。

只要像這樣設定好參數的值，之後用易辛機來進行演算即可。雖然沒有讓全員都滿意的解，但就全體來說能分成不滿較少的組。

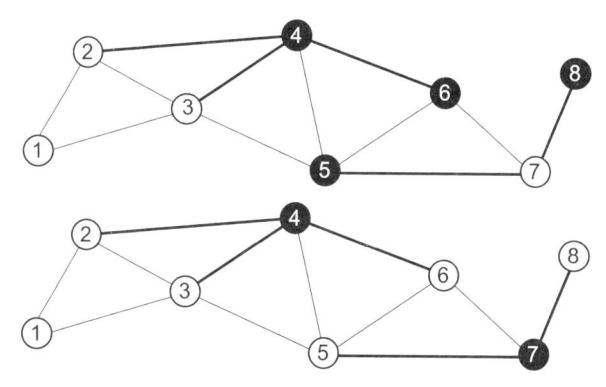

圖 3.4　團體旅行分組結果範例

例如將參數設定為式子（3.2）的值時，哈密頓算符會有多個有相同值的解。**圖 3.4** 中顯示了兩個範例。節點顏色表示所屬組

別。雖然理想的情況是用細線連結的節點為同一色，用粗線連結的節點為其他顏色，但不論是哪個例子都無法成為讓全員滿意的組合。即便如此，仍是就全體來說不滿最少的分組法。

3.2 影像雜訊除去法

易辛模型也會被用來除去影像的雜訊。在此所處理的影像是黑白影像，但有些地方會摻入有反轉黑白的雜訊。來思考一下除去影像雜訊並還原為本來影像的問題吧。

3.2.1 黑白影像與雜訊

圖 3.5　黑白影像（二元影像）的原圖

首先準備好如**圖 3.5** 的黑白影像。各像素不是黑就是白，所以也稱為**二元影像**。關於這個影像的各像素，以某比例隨機反轉白色與黑色，然後形成有雜訊的影像。**圖 3.6** 是以 3% 的比例摻入雜訊的影像。

圖 3.6　摻入雜訊的影像

在圖 3.6 的情況下，即便不知道原影像，但仍大致能判斷出哪個像素是反轉的。那麼該以什麼為標準來判別呢？例如假設周圍

都是黑色卻只有一個白色的小點，那麼我們就會知道，該點即為雜訊。這麼一想，只要配合周遭顏色作修正，就能除去雜訊。

可是只配合周遭顏色並無法順利進行。因為這樣的修正或許不僅會除去雜訊，連原影像的資訊都會消去。若配合周遭顏色變更各像素，最糟的情況將可能會變成全白或全黑的影像。

話說回來，若摻入的雜訊比例較小，幾乎所有影像應該都會和原影像一樣。考慮到這點，就要盡可能保持修正前像素的顏色，同時試著來配合周遭的顏色。若將這個問題去對應讓白色像素自旋向上、黑色像素自旋向下，就能用易辛模型將之公式化。為了配合周遭的顏色，隔壁相鄰的自旋只要將相互作用〔式子（2.1）的右邊第 1 項〕設定為自旋方向相同即可。為了保持修正前像素的顏色，就要設定對應到表示修正前像素自旋方向的局部磁場〔式子（2.1）的右邊第 2 項〕。

3.2.2 除去雜訊

● 公式化

能除去雜訊、修復影像的易辛模型可用如下方式子般的哈密頓算符來表示。

$$H = -J \sum_{(i,j) \in E} s_i s_j - \sum_{i=1}^{N} s'_i s_i \qquad (3.3)$$

假設 s_i 是修復後的影像值，s'_i 則是修復前第 i 個影像的值，白是 1 而黑是 −1。右邊第 1 項是取與縱向和橫向相鄰的像素總和。N 是像素的數量。式子（3.3）與式子（2.1）是相同形式，假設 $J_{i,j} = -J$、$h_i = -s'_i$。

式子（3.3）右邊第 1 項表示相鄰像素達到相同值的效果。該

效果的大小由 J 的值決定。右邊第 2 項則表示保持修復前像素的值的效果。這兩個效果的平衡會影響到影像的修復結果。

● **影像修復結果**

圖 **3.7** 是使用模擬退火將式子（3.3）最小化。J 的值小時，就會殘留有雜訊。因為所保持的修復前像素值效果比較大。相反地，J 的值大時，有時連原影像的部分資料都會被消去。因為配合周遭像素值的效果過強了。要能得到更好的修復結果，重要的是恰到好處的平衡。

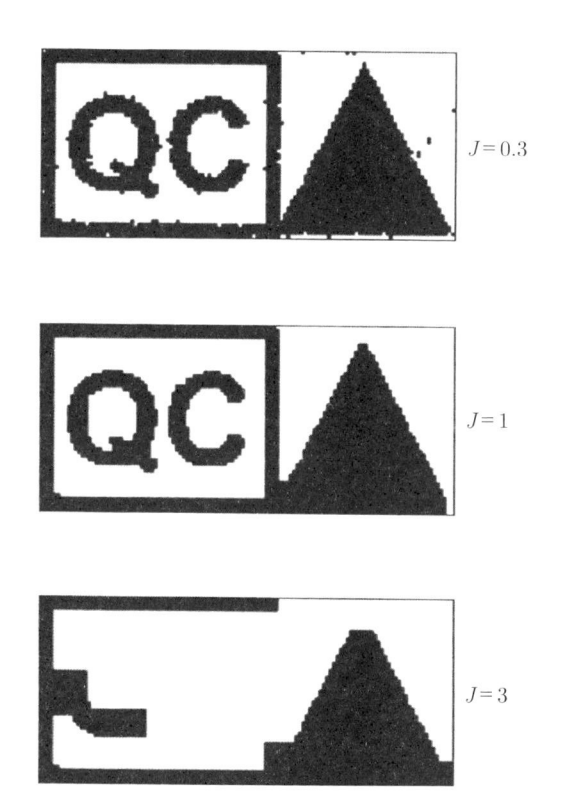

圖 3.7　修復後的影像。從上依序為 J = **0.3**、J = **1**、J = **3** 的情況。

3.3 圖著色問題

　　圖著色問題是使圖的某要素滿足某種約束條件來上色的問題，而且有好幾種。在此要談的是節點塗色，就是在節點上色。周邊利用節點塗色的例子就是在地圖上塗上不同的顏色。使用 3 種顏色以上的色彩時，要用易辛機來解這個問題就需要**等式約束**。所謂的等式約束，就如字面上所述，是用等式來表示的約束。

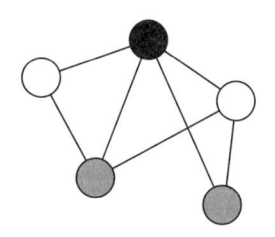

3.3.1　節點塗色

圖 3.8　節點塗色

　　所謂的節點塗色就是將各節點分塗不同顏色以讓相鄰的節點顏色不同。所謂「相鄰」的意思是「邊有相連」。例如**圖 3.8** 的圖，各邊兩端的節點顏色都不一樣。像這樣的小圖能簡單分塗，但愈大、愈複雜的圖，就愈難上色。

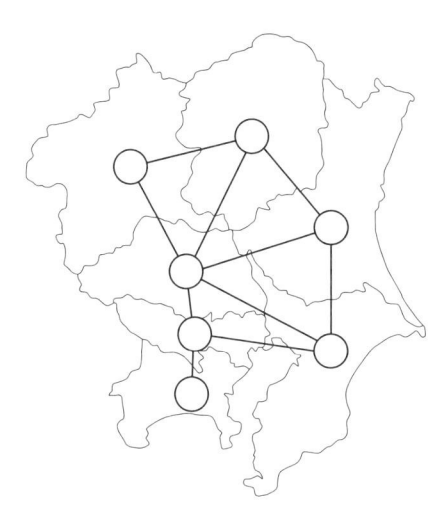

圖 3.9　將關東地方地圖塗上不同顏色的圖

將地圖塗上不同顏色就是一個簡單的圖表上色應用例子。例如來思考一下將與關東地方相鄰的都縣分別塗上不同顏色的問題吧。如**圖 3.9**，讓各都縣對應到每一個節點，同時用邊連接相鄰的都縣。進行像這樣的圖表節點上色時，就能將地圖塗上不同的顏色。不論是日本地圖還是世界地圖，概念都是一樣的。

3.3.2　one-hot 編碼與等式約束

若能用兩種顏色就將圖表上色，就能做出與最大割問題相同的公式化。在邊的權重全都是相同正值的易辛模型中，只要能用兩種顏色去對應到自旋的向上以及向下就好。那麼，使用超過 3 種顏色時又該怎麼辦呢？只要讓顏色對應到變數的值，就會變成是多元變數。

用二元變數來表現多元變數的方法已經在 2.3 節簡單介紹過了。節點塗色的情況通常不會使用那麼多顏色，使用 one-hot 編碼會很方便，這樣的表現方式是只有一個變數的值是 1，其他所有變

數的值都是 0。此時會須要賦予等式約束，以讓分配到各節點的顏色剛好為 1 種顏色。

● **公式化**

來思考一下將有 N 個節點的圖用 K 種顏色來進行節點塗色時的公式化吧。此時，若設圖邊的集合為 E，目標函數就能用如下式子來表示。

$$H = \sum_{(i,j) \in E} \sum_{a=1}^{K} x_{i,a} x_{j,a} + A \sum_{i=1}^{N} \left(1 - \sum_{a=1}^{K} x_{i,a}\right)^2 \quad (3.4)$$

假設變數 $x_{i,a}$ 是在用第 a 個顏色為第 i 個節點塗色時為 1，不是時為 0。右邊第 1 項的 $x_{i,a}$、$x_{j,a}$ 則是第 i 個與第 j 個的節點同為第 a 個顏色時為 1，除此之外的為 0。不過，第 i 個與第 j 個的節點沒有用邊連結起來時，就不包含在總和中，就算塗以相同顏色，也毫無干係。也就是說，用邊相連的節點們只有在塗以相同顏色時，才會加上 1。

式子（3.4）右邊第 2 項是在第 i 個節點上只塗上 1 種顏色，亦即是為了將以下的等式約束賦予各節點的項。

$$\sum_{a=1}^{K} x_{i,a} = 1 \quad (3.5)$$

這是能讓 one-hot 編碼成立的約束，所以也稱為 **one-hot 約束**。這個項的係數 A 是表示約束強度的參數，所以取正值。不論在哪個節點，只要違反了這個約束條件，就會加上正值以做為懲罰。

統整以上內容會得到，圖表著色成功時 $H = 0$，除此之外，$H > 0$。也就是說，這種情況下能用目標函數的值來判斷所獲得的解是否為正確的解（最合適的解）。

3.3.3　應用實例：製作時間表

圖著色也能應用在**製作時間表**上。圖著色與製作時間表的應對關係就如**表 3.1** 所示那樣。首先，讓圖的節點對應到科目上。任課講師相同或是聽課者有重複的科目就無法被分配到相同的時間帶中。將有這樣關係的科目用邊連接起來。將如此製作而成的圖進行節點塗色，然後將各顏色當成時間帶。這麼一來，用邊相連的科目就不會處在同一時間帶中，就能製作出時間表來。

表 3.1　圖著色與製作時間表的應對關係

圖著色	製作時間表
節點	科目
邊	不會分配到相同時間的關係
顏色	時間帶

● **基本篇**

試著來思考一下製作暑期課程時間表這個具體的例子吧。科目是英文、國語、數學、物理、化學五個科目，假設不會被分配到相同時間帶的關係是用**圖 3.10** 的圖的邊來表示。

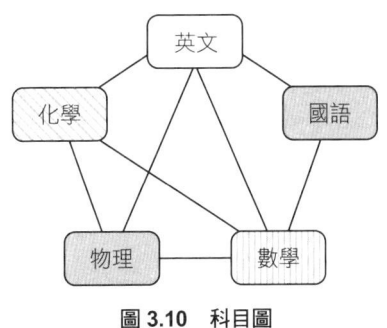

圖 3.10　科目圖

圖 3.10 節點的顏色從英文開始順時鐘一一做出分配。首先將第一個顏色分配給英文,而跟英文相鄰的則分配給第二個顏色。數學跟英文與國語都有相連,就是第三個顏色。物理與英文、數學相連,但與國語不相連,所以分配給它與國語相同的第二個顏色。化學與英文、數學、物理都有相連,所以就分配給它除此之外的第四個顏色。像這樣進行節點塗色後,若能做出「第一個顏色對應第一小時、第二個顏色對應第二小時……」的對應,時間表就完成了。

此時的目標函數就如下方式子。

$$H = \sum_{(i,j) \in E} \sum_{a=1}^{4} x_{i,a} x_{j,a} + A \sum_{i=1}^{5} \left(1 - \sum_{a=1}^{4} x_{i,a}\right)^2 \quad (3.6)$$

在此設圖的邊的集合為 E。變數 $x_{i,a}$ 是第 i 個科目被分配為 a 時間時為 1,不是時為 0。A 是表示 one-hot 編碼強度的參數。

表 3.2　對應圖 3.10 時間表變數 $x_{i,a}$ 的值

i \ a	第1個小時	第2個小時	第3個小時	第4個小時
1.英文	1	0	0	0
2.國語	0	1	0	0
3.數學	0	0	1	0
4.物理	0	1	0	0
5.化學	0	0	0	1

看了**表 3.2** 後就會知道,圖 3.10 的顏色分配會滿足 one-hot 約束。式子(3.6)的右邊第 2 項的 $\sum_{a=1}^{4} x_{i,a}$ 是對各行(各科目)橫向加值。各科目只會被分配到一個時間帶中,所有的 i 都會變成是 $\sum_{a=1}^{4} x_{i,a} = 1$。此時,式子(3.6)右邊第 2 項會成為 0。

圖 3.10 的色彩分配情況下，式子（3.6）的右邊第 1 項也會變成 0。如果從每一列（各時間帶）的橫向來看表 3.2 就能確認。值為 1 的科目有多個的，只有第 2 小時。值為 1 的科目有國語與物理，但在圖 3.10 的圖中沒有用邊連結，所以在式子（3.6）中不包含有總和。因此式子（3.6）右邊第 1 項為 0，全體來說，$H = 0$，所以是成功製作出時間表的。

● **應用篇**

科目數多時或有多個課程時，也能夠將想分配在相同時間帶中的科目進行組合。此時，只要顛倒 2 次項的符號就可以了。例如想將第 i 個與第 j 個科目分配在相同時間帶中時，就追加以下的目標函數。

$$1 - \sum_{a=1}^{K} x_{i,a} x_{j,a} \tag{3.7}$$

在此設時間帶數為 K。第 i 個與第 j 個科目被分配在同一時間帶中，且滿足 one-hot 約束時，第 2 項會是 1，所以式子（3.7）的全體就會是 0。第 i 個與第 j 個科目被分配在不同時間帶中時，相反地，第 2 項會是 0，因此式子（3.7）的全體就會是 1，目標函數值就會變大。

將兩個科目分配到**連續的時間帶**中時，也能應用這個概念。例如第 i 個科目之後想隨即分配第 j 個科目時，就追加如下的目標函數。

$$1 - \sum_{a=1}^{K-1} x_{i,a} x_{j,a+1} \tag{3.8}$$

對比一下式子（3.7）會發現，第二個變數的下標只有從 a 變成了 $a + 1$（因此，求和符號的上限也會改變）而已。這個下標就是用來表現連續的時間帶。

視不同科目，有時也會有想避開的時間帶。此時就使用 1 次項。例如第 i 個科目想避開第 a 小時時，就設表示想避開程度的正參數為 B，然後將 Bx_{ia} 加到目標函數中就好。

　　不僅是此處介紹到的，若其他詳細的條件也能公式化，就能將那些條件考慮進去，更有效率地製作出時間表來。尤其科目數很多時，或條件複雜的情況下，使用易辛機就很有助益。在實際的問題中，基本上沒有能滿足所有條件的解，或是即便獲得了精密解，也常與期待不符。易辛機擅長於在短時間內求取多個近似解，所以比較有效的使用方式是，從較好的近似解中選出較符合期待的。

3.4 聚類分析

所謂的聚類分析就是將資料分成好幾群的方法。例如分析購物網站每位顧客的購買資料時，就能用來對某位顧客推薦處於同一群組中的顧客經常會購買的商品。聚類分析的種類有多種多樣，在此要介紹兩種類型，分別為依**資料間距離**來區分的類型，以及依**資料間連結**來區分的類型。

3.4.1 依距離來分群

在此為簡單說明，請把二維平面上的點（資料）想成是聚類分析的問題。此時，附近的點成為同一群是很自然的分法。假設基於各點的距離來進行分群。若用購物網站的購買資料為例，各點就對應著各顧客。例如將各點的 x 座標與 y 座標解設為各顧客一次平均購買價格與購買頻率，就能將頻率相同且購物金額相同的顧客分配在同一群中。

● **分為兩群的情況**

分為兩群時，能使用易辛模型公式化。

$$H = \sum_{(i,j)} d_{i,j} s_i s_j \tag{3.9}$$

此處的變數 s_i 是表示第 i 個點的群。例如假設白組是 $s_i = 1$，黑組是 $s_i = -1$。$d_{i,j}$ 是第 i 個點與第 j 個點間的距離。在式子（3.9）中，取所有配對組合的和。

聚類分析的目的是將距離近的點分在同一群組裡，是基於與式子（3.9）相反的發想。其觀念是，$d_{i,j}$ 愈大則 s_i 與 s_j 的符號就要反過來會比較好。盡可能將距離不同的點分在其他群組的結果，就是相近的點會成為同一群組。

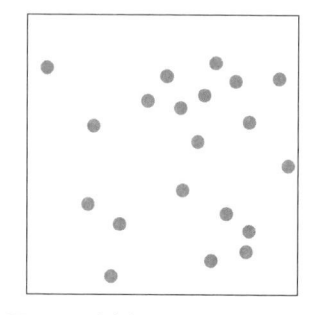

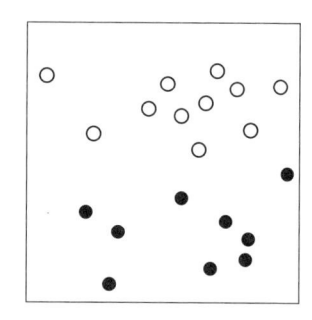

圖 3.11 （左）將 **20** 個點隨機配置在一邊長為 **1** 的正方形範圍內。（右）因著式子（**3.9**）而分成兩群的結果。

實際上來看看聚類分析的結果吧。**圖 3.11** 的左圖中隨機分配了 20 個點。對此，以模擬退火來進行將式子（3.9）最小化後所獲得的結果就是右圖。能完美地分成兩群。

● **分成三群以上的情況**

群的數達三個以上時，只要讓各點所屬群組對應到變數，就會變成多元變數。因此，就使用與圖表塗色時同樣的 one-hot 編碼來公式化。

$$H = \sum_{(i,j)} \sum_{a=1}^{K} d_{i,j} x_{i,a} x_{j,a} + A \sum_{i=1}^{N} \left(1 - \sum_{a=1}^{K} x_{i,a}\right)^2 \quad (3.10)$$

設變數 $x_{i,a}$ 是第 i 個點屬於第 a 個群組時為 1，不是時為 0。在此假設點的數量為 N，群組數為 K。右邊第 2 項是表示各點只屬於

一個群組的約束。A 是表示該 one-hot 編碼強度的參數。

　　理想的設計是，分成兩群時的目標函數相同，式子（3.10）是距離愈遠的點會分在不同的群組。第 i 個與第 j 個點屬於相同的第 a 個群組時，因為 $d_{i,j}$ 會加上目標函數，$d_{i,j}$ 愈大愈能避免被分在同一群組。最後，距離相近的點就會成為同一群組。

　　來看看實際上用模擬退火進行將式子（3.10）最小化後所獲得的結果吧。

　　如圖 3.12(a) 那樣隨機分配點。假設點數 N 為 50，群組數 K 為 3。參數 A 較小時無法滿足 one-hot 約束，會出現不屬於任一群組的點。圖 3.12(b) 就表現該模樣。此時的參數值為 $A = 1$。用 ■、▲、+ 來表示各所屬群組。灰色的 ● 不屬於任一群組，亦即是成為 $\Sigma_{a=1}^{K} x_{i,a} = 0$ 的點。此時就違反了 one-hot 約束。若加大參數的值，就會如圖 3.12(c) 那樣，能獲得滿足約束的解。此時的參數值為 $A = 7$。

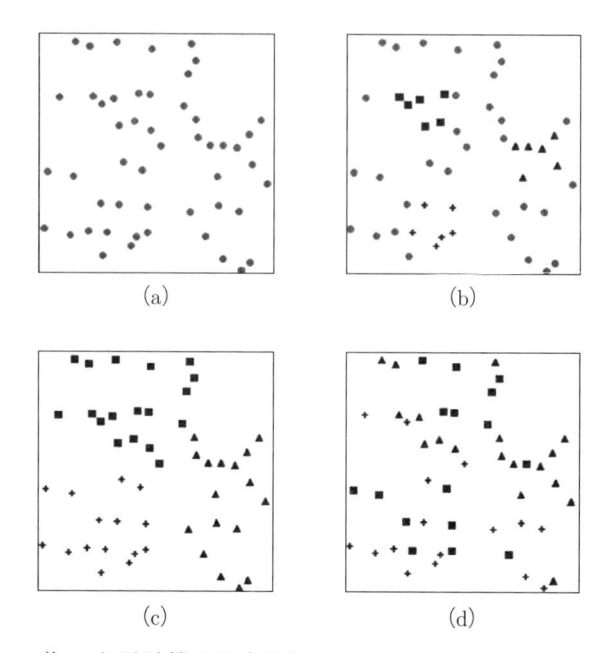

圖 3.12 **(a)** 將 50 個點隨機分配邊長為 1 的正方形範圍內。**(b)** 在式子（3.10）中，$A = 1$ 時的結果。■、▲、＋表示所屬群組。灰色的 ● 不屬於任一群組。**(c)** 式子（3.10）中 $A = 7$ 時的結果。**(d)** 式子（3.10）中 $A = 20$ 時的結果。

　　表示約束強度參數的**恰當值**是取決於點數、群組數、點與點之間的距離。某點屬於某群組時，該點與同群內點的距離合計就要加上去目標函數。如果沒有給予那個加上去部分超出程度的懲罰，則不屬於任一群組會比較有利。那就是圖 3.12(b) 的狀況。

　　反過來說，若懲罰過大，能滿足約束，不論屬於那一個群組幾乎都不會有差錯。結果就會變得如圖 3.12(d) 那樣，相近的點會處於不同群組，或是距離遠的點會屬於同一群組，無法完美分群。此時的參數值為 $A = 20$。也就是說，要能獲得更好的結果，必須要將參數的大小設定得剛剛好。

　　看一下圖 3.12(c) 就會知道，不論是哪一群組中，都有各相同數目的點。這就是利用了式子（3.10）的性質，是群內的點與點的距離合計加上去目標函數。群組中所屬的點只要增加了一個，該

點與群組內其他點間的距離合計就要加起來,所以屬於群組中的點少一點比較好。不論是哪一群組,都要盡可能減少所屬的點數,所以就結果來說,不問是哪一個群組都有相同程度數量的點。

3.4.2 以連結來分群

在 3.1 節中所舉出的例子是用加權圖來表示人際關係。因此是用加權的符號來表現關係好不好,但在此只考量正值的加權,連結度愈強,取的值愈大。此時試著思考一下依連結的疏密來分群的問題。

能解決這個問題的目標函數如下表示。

$$H = -\sum_{(i,j)\in E}\sum_{a=1}^{K_{max}} J_{i,j} x_{i,a} x_{j,a} + A_1 \sum_{a=1}^{K_{max}} \sum_{i<j} x_{i,a} x_{j,a} + A_2 \sum_{i=1}^{N}\left(1 - \sum_{a=1}^{K_{max}} x_{i,a}\right)^2$$
(3.11)

在此設節點的個數為 N,群的最大個數為 K_{max},圖的邊的集合為 E。設變數 $x_{i,a}$ 是第 i 個節點屬於第 a 個群時為 1,不是時為 0。$J_{i,j}$ 是表示第 i 個與第 j 個節點連結的強度,所以取正值。右邊第 2 項的 A_1 與第 3 項的 A_2 是正的參數。

以下將說明式子(3.11)的各項。即便無法完全理解,只要理解各項的意義就可以了。若覺得說明很難懂,請讀過具體事例後再重讀一遍說明。

式子(3.11)的右邊第 1 項是,第 i 個與第 j 個的節點屬於同一群時,只有權重 $J_{i,j}$ 有縮小目標函數的效果。亦即,這表示,理想情況是,第 i 個與第 j 個節點的連結強度愈強愈會屬於同一群。不過若只是這樣,所有節點都要屬於同一群才會是最恰當的解。

式子(3.11)的右邊第 2 項能避免那樣的狀況,適度地保有群

組的數目。$\Sigma_{i<j} x_{i,a} x_{j,a}$ 滿足 one-hot 約束時,就會是第 a 個群組中所屬節點的配對數。若第 a 個群組中所屬的節點數為 N_a,因為是從 N_a 個中選出的兩個組合數,$\Sigma_{i<j} x_{i,a} x_{j,a} = N_a(N_a-1)/2$。$N_a$ 較大時,亦即,一個群中所屬的節點數多時,這個項就會變大。圖的節點數是固定的,所以各群中所屬的節點數若多,群數就會變少。也就是說,群數愈少,式子(3.11)右邊第 2 項就會變大。這就是不讓群數變得太少的效果。

式子(3.11)右邊第 3 項的各節點是表示只屬於單一個群的約束。A_2 是表示 one-hot 約束強度的參數。

式子(3.11)中,群數是受到右邊第 1 項與第 2 項的參數影響而自然固定下來。右邊第 2 項 A_1 的值若小,群數就會少。不過該個數不會超過 $K_{\max}$。

● **具體事例**

(a) 原本的圖

(b) $A_1 = 0$ 時

(c) $A_1 = 0.05$ 時

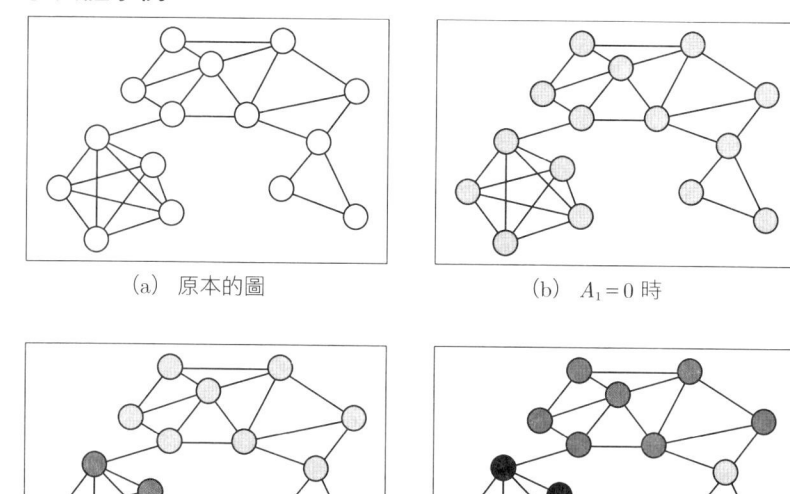

(d) $A_1 = 0.1$ 時

圖 3.13 依式子（3.11）來劃分 (a) 圖的節點的群。
設 (b)、(c)、(d) 中的 $K_{\max} = 3$、$J_{ij} = 1$、$A_2 = 3$。

做為具體事例，來思考一下將**圖 3.13**(a) 圖的節點分群的問題。邊的權重全假設為 $J_{i,j} = 1$、最大群數為 $K_{\max} = 3$。用模擬退火進行式子（3.11）最小化後獲得的結果就是圖 3.13(b)、(c)、(d)。節點的顏色表示群。

首先沒有式子（3.11）右邊第 2 項時，也就是 $A_1 = 0$ 時，會如圖 3.13(b) 那樣，所有節點都屬於同一群。在此設定表示 one-hot 約束強度的參數為 $A_2 = 3$。(c) 與 (d) 也是一樣的。

試著放入一點增加群數的效果吧。$A_1 = 0.05$ 時會如圖 3.13(c) 那樣，能分為兩個群。剛好在兩個群中間只有一條邊連接的地方就分開了。

設 $A_1 = 0.1$ 時，會如圖 3.13(d) 那樣，能分為三個群。圖 3.13(c) 的兩個群中較大的那個可以看到，在連結較少之處一分為二。

在圖 3.13(b) 與 (c) 中，儘管設定了最大群數為 $K_{max} = 3$，實際上，全體也只會分為一群或兩個群。像這樣，只要調整參數，群數就會自動固定下來就是來自式子（3.11）公式化的特徵。

3.5 推銷員路線問題

讓移動成本最小化的組合最佳化問題中有一個「推銷員路線問題」。假設某位推銷員在某地區會逐一訪問所有都市後再回到出發地。就像圖 **3.14** 那樣。此時，求最短路徑的問題就是推銷員路線問題。這是非常有名的典型組合最佳化問題。

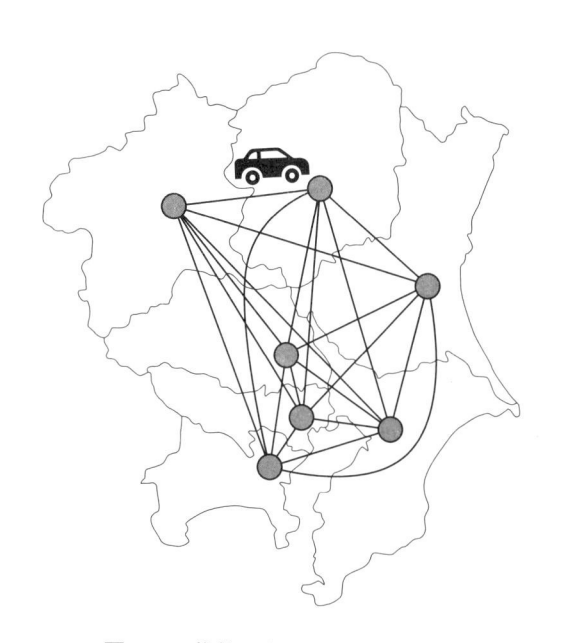

圖 3.14　推銷員路線問題的問題圖像

3.5.1　雙重約束

● 公式化

試著來思考一下巡迴 N 個都市的推銷員路線問題吧。能解決

這個問題的目標函數如下所示。

$$H = \sum_{i=1}^{N} \sum_{j=1}^{N} d_{i,j} \sum_{a=1}^{N} x_{i,a} x_{j,a+1} + A_1 \sum_{i=1}^{N} \left(1 - \sum_{a=1}^{N} x_{i,a}\right)^2 + A_2 \sum_{a=1}^{N} \left(1 - \sum_{i=1}^{N} x_{i,a}\right)^2$$
（3.12）

在此，$d_{i,j}$ 表示從都市 i 移動到都市 j 的距離。但是，用時間而非距離來決定最短路徑時，則是設為移動時間。$x_{i,a}$ 是假設都市 i 做為第 a 個去訪問時為 1，不是時為 0。但是，訪問完所有都市後要再回到出發地，所以設 $x_{i,N+1} = x_{i,1}$。A_1 與 A_2 為正的參數。

式子（3.12）右邊的第 1 項表示移動距離的總計。例如將都市 i 排在第 2 個訪問之後再移動到都市 j，亦即都市 j 是排在第 3 個訪問時，$x_{i,2} = 1$ 且 $x_{j,3} = 1$。此外，因為每個都市只會造訪一次，$x_{i,1} = x_{i,3} = \cdots = x_{i,N} = 0$、$x_{j,1} = x_{j,2} = x_{j,4} = \cdots = x_{j,N} = 0$。亦即 $\sum_a x_{i,a} x_{j,a+1} = x_{i,2} x_{j,3} = 1$。此時從都市 i 到都市 j 的移動距離 d_{ij} 就要加上目標函數。

式子（3.12）右邊的第 2 項是表示逐一訪問各都市的約束。$\sum_{a=1}^{N} x_{i,a}$ 是訪問都市 i 的次數。因此若有只造訪了 1 次的都市，或是有造訪了多次的都市，做為懲罰，就要加上正值。A_1 是表示該懲罰的強度。

式子（3.12）右邊的第 3 項是對應不會同時去造訪多個都市的約束。例如像是將都市 i 及都市 j 都排在第 2 個去訪問，或是沒有一個都市被排在第 3 個去訪問等，該約束就是要避免這樣不可能的狀況。$\sum_{i=1}^{N} x_{i,a}$ 是排在第 a 個訪問的都市數目。若為 1 以外的數字，就要加上正值做為懲罰。A_2 是表示該懲罰的強度。

式子（3.12）中會對變數 $x_{i,a}$ 的兩個下標 i 與 a 各賦予 one-hot 約束。就被賦予的約束有雙重這意義來說，我們就稱這樣的約束為**雙重約束**。

● **具體事例**

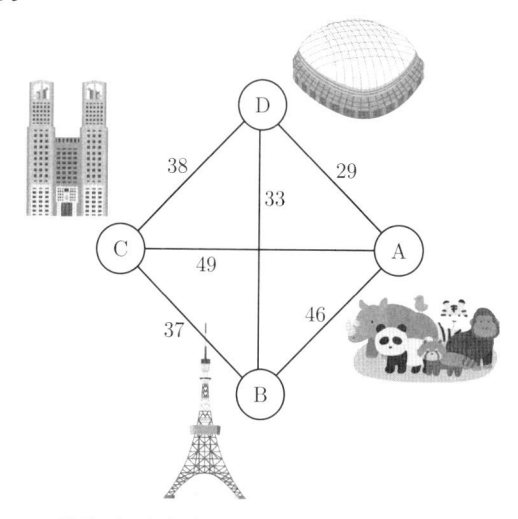

圖 3.15　移動到四個觀光地與各地點所花時間（單位為分鐘）

　　做為具體事例，試著來思考一下像圖 **3.15** 那樣巡迴四個觀光地的問題吧。假設連結各觀光地之間的線旁所寫數字為移動時間（單位為分鐘）。為了將問題簡單化，假設移動時間不會受到移動方向的影響。也就是說，從 A 移動到 B 的時間與從 B 移動到 A 的時間相同。此時，求讓移動時間為最短的移動路徑。

　　巡迴四個觀光地的路徑有 4! = 4×3×2×1 = 24 種。可是不論選何處為出發地，最短路經應該都不會改變，所以只要決定好出發地（用 4 去除）就會有 6 種。而且這個問題的設定是移動時間不會受到移動方向影響，所以只要計算一半的 3 種就好。像這樣小規模的問題，用易辛機來解就沒有好處。可是若造訪的觀光地數量增加了，要思考的路徑數也會爆炸性增加。碰到像這種大規模問題的情況時，就有用易辛機來解的價值。

	A	B	C	D
第1個	1	0	0	0
第2個	0	0	1	0
第3個	0	1	0	0
第4個	0	0	0	1

$$\sum_{i=1}^{4} x_{i,a} = 1$$

$$\sum_{a=1}^{4} x_{i,a} = 1$$

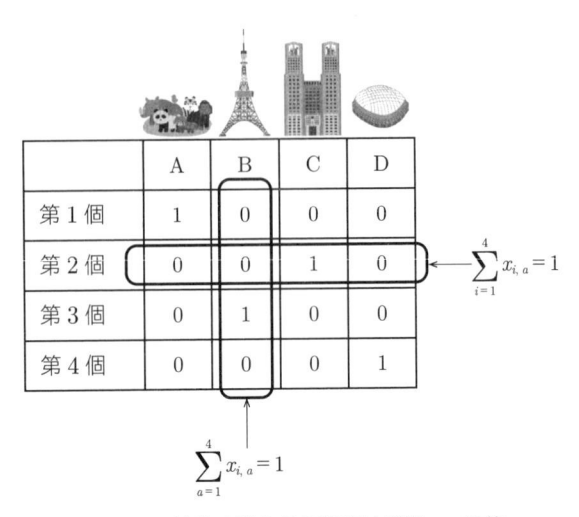

圖 3.16 移動時間在最短路徑中變數 $x_{i,a}$ 的值

試著實際上用**圖 3.15** 的問題設計來計算時，以觀光地 A 為出發點時最短路徑為 A → C → B → D → A（或是 A → D → B → C → A）。此時，式子（3.12）變數 $x_{i,a}$ 的值會如**圖 3.16** 的表所示。試著將之放入式子（3.12）中吧。讓 A、B、C、D 各自對應到 $i = 1$、2、3、4 時，右邊第 1 項會如下。

$$d_{1,3} + d_{3,2} + d_{2,4} + d_{4,1} \qquad (3.13)$$

右邊第 2 項與第 3 項則因為滿足了約束，所以為 0。

關於約束，試著來更詳細地看看吧。式子（3.12）右邊第 2 項的意思是有關表的各列（縱向排列），取變數值和為 1 的約束。各列中都有一個「1」。右邊第 3 項的約束是關於表的各行（橫向排列），取變數值和為 1。也就是說，對應著各行中都有一個「1」。實際上，圖 3.16 的表就滿足了這些約束。

3.5.2　各種各樣的排列法

● 想避開跨越邊界移動時

圖 3.17　訪問地點的地圖

　　其次，像圖 3.17 那樣，將問題設定在稍微狹窄的地區，假設推銷員是騎腳踏車去造訪各地點，並且此地區縱貫著車流多的大馬路，推銷員要盡可能避開橫跨該條道路。如果要求出移動距離短且橫跨道路次數少的路徑，該怎麼做呢？

　　做為方針，若是橫跨道路就要給予懲罰。要能將之公式化，首先就要將大條馬路設為境界，將訪問地區分為左側範圍與右側範圍。準備好參數 b_i 以表示造訪地點位在哪個範圍。例如訪問地 i 是位在左側範圍時，$b_i = -1$，若位在右側範圍時 $b_i = 1$。下一個訪問地 j 若位於同一範圍則為 0，所以若位在相反範圍時會是正值，就要給予懲罰。用 $(b_i - b_j)^2$ 的形式就能實現這個懲罰。

　　若將上述想法追加進式子（3.12）中，對應這個問題的目標函數將如下所示。

$$H=\sum_{i=1}^{N}\sum_{j=1}^{N}\left\{d_{i,j}+\beta(b_i-b_j)^2\right\}\sum_{a=1}^{N}x_{i,a}x_{j,a+1}+H_{\mathrm{pn}} \quad (3.14)$$

此處,右邊第 1 項中間的 β 為正的參數,表示想避開橫跨大條馬路的程度。此外,右邊第 2 項是表示雙重約束的項,是把式子(3.12)右邊第 2 項與第 3 項合併起來。亦即可用下方式子表示。

$$H_{\mathrm{pn}}=A_1\sum_{i=1}^{N}\left(1-\sum_{a=1}^{N}x_{i,a}\right)^2+A_2\sum_{a=1}^{N}\left(1-\sum_{i=1}^{N}x_{i,a}\right)^2 \quad (3.15)$$

若不想橫跨的馬路有多條時,只要將範圍劃分得更細就好。此時的基本方針也是一樣的,若是下一個訪問地點位在相同範圍內就是 0,若位在不同範圍內就給予正值的懲罰。表示訪問地點位在哪個範圍的參數 b_i 是假設表示範圍號碼的整數。此時的目標函數若根據**克羅內克(kronecker)函數**,是使用如下的記號:

$$\delta_{b_i,b_j}=\begin{cases}1, & b_i=b_j \\ 0, & b_i\neq b_j\end{cases} \quad (3.16)$$

並如下表示:

$$H=\sum_{i=1}^{N}\sum_{j=1}^{N}\left\{d_{i,j}+\beta(1-\delta_{b_i,b_j})\right\}\sum_{a=1}^{N}x_{i,a}x_{j,a+1}+H_{\mathrm{pn}} \quad (3.17)$$

這麼一來,訪問地 i 與訪問地 j 位在不同範圍時就會被施予懲罰。右邊第 1 項中的 β 是表示該懲罰的強度。右邊第 2 項的 H_{pn} 是式子(3.15)。

● **拜訪有優先順序時**

試著思考一下有想要早些拜訪某個訪問地點、有優先度的情況。此時若前去優先度較高的訪問地點的拜訪順序較遲,只要給予懲罰就好。假設將訪問地點 i 排在第 a 個去訪問時所給予的懲

罰為 $f_i(a)$，則目標函數將如下所示。

$$H=\sum_{i=1}^{N}\sum_{j=1}^{N}d_{i,j}\sum_{a=1}^{N}x_{i,a}x_{j,a+1}+\sum_{i=1}^{N}\sum_{a=1}^{N}f_i(a)x_{i,a}+H_{\mathrm{pn}} \quad (3.18)$$

右邊第 3 項的 H_{pn} 是式子（3.15）。

右邊第 2 項的懲罰函數 $f_i(a)$ 假設是用如下式子表示。

$$f_i(a)=\gamma_i a \quad (3.19)$$

γ_i 是對應到訪問地 i 的優先度，優先度較高時取正值。因此，造訪的順序愈晚，懲罰就愈大。沒有設定優先度時，就設 $\gamma_i = 0$。

式子（3.19）是以單純的線性形式來表現，但若是 a 的遞增函數，也可以是別的函數。重要的是，造訪順序若早，懲罰就小，愈晚則愈大。

哪些問題使用易辛機是很不利的

一般認為,變數間有複雜關係的組合最佳化問題用易辛機來解會比傳統型電腦來得有利。可是視問題不同,有時用易辛機也很不利。在2.4節中有稍微提到,做為不利情況的例子可以舉出有約束條件數過多時,以及需要多個輔助變數時。其實推銷員路線問題也是比較不利的一個問題。

推銷員路線問題的公式化中還有雙重約束。要同時滿足這兩個約束,就要調整參數,所以多少得花點時間精力。這對易辛機來說就是不利的一點。可是關於推銷員路線問題,還有一個原因是使用易辛機比用傳統型電腦更不利的。那就是我們已經找出了能以非常高速解決這個問題的演算法。

如果要用全域搜尋演算法來求大規模的推銷員路線問題,就要花上非常長的時間。因為隨著造訪都市數的增加,要思考的路徑數也會爆炸性的增加。因此,與使用傳統型電腦進行全區域搜尋的方法比較起來,使用易辛機來演算,確實能進行較為高速的演算。但是推銷員路線問題的研究歷史很長,人們已經開發出了非常有效率求出最佳解的演算法,而且也公開了軟體[1]。像是這樣,有著用傳統型電腦就能有效率計算的演算法時,與計算速度有關的優越性就會減弱,使用易辛機就會變得很不利。

不過即便有問題是用易辛機來演算較為不利的,視使用法的不同也有優點。例如只要利用在較短時間內能獲得多數近似解這個易辛機的性質,就能獲得有多樣性的解。輸出這些候補的解,再加進無法完全公式化的要素,就能從那些候選中經由人來選出解。

---

* 1　Concorde TSP Solver, http://www.math.uwaterloo.ca/tsp/concorde/index.html

3.6 背包問題

背包問題是在不超過背包容量的情況下塞入物品,並讓那些物品的價值合計起來為最大值的問題。例如能應用在只有一台卡車時該運送哪些物資的問題,以及在有限的考試時間內問題數過多時,該解哪個問題才能提升得分的問題。背包問題中要用不等式來表示不超過背包容量的這個條件,所以會賦予不等式約束。賦予不等式約束的公式化很複雜,我們來一邊看例子一邊理解式子的意義吧。

3.6.1 不等式約束與相伴變數

● 背包問題的簡單例子

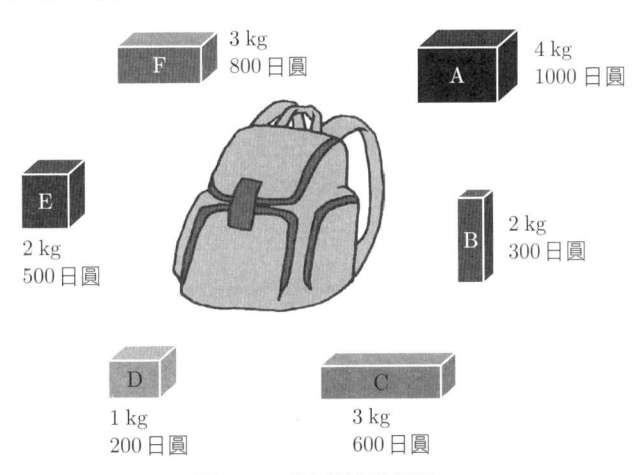

圖 3.18 背包問題的例子

試著來思考一下簡單的例子吧。準備好如**圖 3.18**所示的物品,假設背包的容量為 5kg。在不超過容量的範圍內,要讓放入的

物品價值總計為最大,要怎麼組合比較好呢?

在這情況下,只限於能收納在 5kg 以內的組合,所以試著用所有組合來測試看看就會得知,答案為 E 與 F。重量總計為 5kg,價值總計為 1300 日圓。

● **公式化**

首先,來思考一下讓塞入物品的價值總計最大化吧。用易辛機來處理的目標函數應該要是最小化的,所以要將物品價值總計加上負號。假設物品的個數為 N,物品 i 的價值為 v_i,則能將塞入物品價值總計最大化的項可寫成下面的式子。

$$-\sum_{i=1}^{N} v_i x_i \qquad (3.20)$$

x_i 是二元變數,塞入物品 i 時為 1,不是時為 0。其次來思考一下關於重量合計的約束條件吧。設背包的容量為 W,物品 i 的重量為 w_i 時,物品重量總計不超過容量的約束為:

$$\sum_{i=1}^{N} w_i x_i \leq W \qquad (3.21)$$

不滿足這個不等式時,就要施以懲罰。因此,要將不等式約束改寫成等式約束。使用變數 Y 來表示塞入的物品重量總計,則可用如下等式來改寫式子(3.21)。

$$\sum_{i=1}^{N} w_i x_i = Y \qquad (3.22)$$

不過,$0 \leq Y \leq W$。也就是說,透過將不等式約束當成新的變數約束($0 \leq Y \leq W$)來改寫,就能將本來的約束條件當成等式約束來

表現。因此，目標函數中會將表示懲罰的項加上如下式子。

$$\left(\sum_{i=1}^{N} w_i x_i - Y\right)^2 \quad (3.23)$$

那麼，該怎麼表現變數 Y 呢？在此與圖 3.18 的例子一樣，假設 w_i 與 W 都為整數。此時 Y 當然也是整數，而滿足約束時，就會是 0、1、2、…、W 其中任一。因此使用相伴變數 y_n 以 one-hot 編碼來表示 Y 吧。若寫成式子就會如下：

$$Y = \sum_{n=0}^{N} n y_n \quad (3.24)$$

y_n 的值為 0 或 1，所以滿足如下的 one-hot 約束。

$$\sum_{n=0}^{N} y_n = 1 \quad (3.25)$$

亦即，所賦予的約束是，$n = Y$ 時，$y_n = 1$；$n \neq Y$ 時，$y_n = 0$。

表 3.3　Y = 3 的 one-hot 編碼

n	0	1	2	3	4	5
y_n	0	0	0	1	0	0

例如，$W = 5$ 且 $Y = 3$ 時，相伴變數的值會如**表 3.3** 那樣。此時，試著寫出式子（3.24），就會如下：

$$Y = 0 \cdot 1 + 1 \cdot 0 + 2 \cdot 0 + 3 \cdot 1 + 4 \cdot 0 + 5 \cdot 0 \quad (3.26)$$

因此能得知 $Y = 3$。此外也會發現是滿足式子（3.25）的。

統整以上內容，用易辛機時應最小化的目標函數會是以下式子。

$$H=-\sum_{i=1}^{N} v_i x_i + A_1\Big(\sum_{i=1}^{N} w_i x_i - \sum_{n=0}^{W} n y_n\Big)^2 + A_2\Big(1-\sum_{n=0}^{W} y_n\Big)^2 \quad (3.27)$$

右邊第 1 項是式子（3.20）。第 2 項是在式子（3.23）中代入式子（3.24），係數 A_1 是表示約束強度的參數。第 3 項是能滿足式子（3.25）的 one-hot 約束的項，所以係數 A_2 是表示該約束強度的參數。不論是 A_1 還是 A_2 都是正值。

表 3.4　簡單事例（圖 3.18）的設定統整，以及最佳解中的變數值

物品	A	B	C	D	E	F
價值 v_i	1000	300	600	200	500	800
重量 w_i	4	2	3	1	2	3
變數 x_i	0	0	0	0	1	1

n	0	1	2	3	4	5
y_n	0	0	0	0	0	1

試著將圖 3.18 中所示的簡單例子用到式子（3.27）中吧。設定值與最佳解變數的值正如**表 3.4** 所統整的那樣。物品 E 與 F 的價值總計為 1300，所以式子（3.27）右邊第 1 項是 $-\Sigma_i v_i x_i$ = –1300。物品 E 與 F 的重量總計是 $\Sigma_i v_i x_i = 5$，因為相伴變數而表現為 $\Sigma_n n y_n = 5$，所以式子（3.27）右邊第 2 項會成為 0。此外 $\Sigma_n y_n = 1$，所以第 3 項也是 0。於是就能確認有滿足重量總計為 $W = 5$ 以下的約束。

那麼若想塞進超過容量的物品時該怎麼做呢？例如假設選擇了物品 A 與 F。此時，$-\Sigma_i v_i x_i$ = –1800，所以會比滿足式子（3.27）右邊第 1 項約束的最佳解還要小。可是 $\Sigma_i w_i x_i = 7$，所以超過了容量。要讓式子（3.27）右邊第 2 項為 0，就必須是 $\Sigma_n n y_n = 7$，但這情況無論如何都會是 $\Sigma_n n y_n \neq 1$，第 3 項會有正值。也

就是說要加上懲罰。

實際上使用易辛機來解題時，式子（3.27）右邊第 2 項、第 3 項的參數 A_1、A_2 的設定很重要。打破約束條件時，懲罰會大於因物品價值總計所得，所以必須調整參數。

3.6.2　二進制表達的輔助變數

在上述簡單的例子中，各物品的重量與背包的容量都是整數，相伴變數的數量也少。與此相對，重量與容量的數值都是位數較大的有效數字時，就不適用 one-hot 編碼。因為相伴變數的數量以及與之相關的 one-hot 約束的數都會變大。此時用二進制表達會比較恰當。

二進制表達已經在 2.3 節中簡單說明過了。例如在十進制中，1 位的數字在二進制中最大就是 4 位。也就是說，十進制中，若用 one-hot 編碼來表現 1 位的數字會需要 10 個二元變數，然而對此，若用二進制來表達，只要 4 個二元變數就夠了。而且若使用二進制表達就不需要 one-hot 約束，不用額外追加約束條件。

● 公式化

目標函數中，關於將物品價值總計最大化的部分，是與式子（3.27）右邊第 1 項相同。在此要變更的是將關於重量總計的不等式約束改寫成等式約束的方法。塞入的物品重量總計不超過容量時的條件與式子（3.21）相同，我們再寫一次。

$$\sum_{i=1}^{N} w_i x_i \leq W \qquad (3.28)$$

在此，W 是背包的容量，w_i 是物品 i 的重量。我們使用變數 Z 來表示背包容量與物品重量合計間的差，就能用以下等式改寫。

$$\sum_{i=1}^{N} w_i x_i + Z = W \qquad (3.29)$$

不過,假設 $0 \leq Z \leq W$。像這樣,為能將最佳化問題中的不等式約束換成等式約束而導入的變數 Z 就被稱為**鬆弛變數**。在此,鬆弛變數接受了原本不等式約束的不等號。

那麼試著來思考一下用二進制來表達鬆弛變數 Z 與該約束條件的方法吧。為簡單說明,假設 W 與 Z 都是整數。假設 z_n 為 2^n 為的數字(0 或 1),Z 會如下表示。

$$Z = \sum_{n=0}^{n_{\max}} 2^n z_n \qquad (3.30)$$

在此的重點是求和符號的上限 $n_{\max}$。$n_{\max} + 1$ 是用二進制來表現的 Z 的位數。要決定好 $n_{\max}$ 才能讓 Z 的最大值達 W 以上。具體來說就是假設:

$$n_{\max} = \lfloor \log_2 W \rfloor \qquad (3.31)$$

在此,$\lfloor x \rfloor$ 是捨去 x 的小數(亦即是整數部分),稱為下取整函數。在**表 3.5** 中表示此時的 $n_{\max}$ 與 Z 的最大值關係。能確認 $W \leq$(Z 的最大值)。

表 3.5 用式子(3.31)定義 W 時,$n_{\max}$ 與 Z 的最大值。

W	1	2	3	4	5	6	7	8	9
$n_{\max}$	0	1	1	2	2	2	2	3	3
Z 的最大值	1	3	3	7	7	7	7	15	15

要滿足 $0 \leq Z \leq W$ 這個條件,打破式子(3.29)的約束時就要給予懲罰。首先從式子(3.30)的定義來看,$Z \geq 0$ 這個條件一定會獲得滿足。若滿足了式子(3.29),$Z = W = -\sum_i w_i x_i$,所以將之代入 $Z \geq 0$ 後就會變成是 $W \geq \sum_i w_i x_i$。亦即,物品的重量總計若

沒有超過背包的容量，就有被包括進 Z 的定義與式子（3.29）。反過來說，$Z \leq W$ 的條件就有可能違背 Z 的定義。可是 $Z > W$ 時，無論如何都無法滿足式子（3.29）的等式約束，所以要賦予懲罰。

統整以上內容，則易辛機應該最小化的目標函數就會是下方式子。

$$H = -\sum_{i=1}^{N} v_i x_i + A \Big(\sum_{i=1}^{N} w_i x_i + \sum_{n=0}^{n_{\max}} 2^n z_n - W \Big)^2 \quad (3.32)$$

右邊第 1 項是將塞入物品價值的總計加上負號。第 2 項是能滿足式子（3.29）等式約束的參數項，將之當成 Z 代入式子（3.30）中。A 是正參數，所以表示約束的強度。

試著將圖 3.18 中所表示的簡單例子應用於式子（3.32）中。設定值與最佳解的變數 X_i 的值統整在表 3.4 中。使用該表的值，則式子（3.32）的右邊第 1 項是 $-\Sigma_i v_i x_i = -1300$，所以第 2 項的重量總計部分為 $\Sigma_i w_i x_i = 5$。$W = 5$，所以鬆弛變數的部分即為 $\Sigma_n 2^n z_n = 0$。

表 3.6 簡單例子（圖 3.18）最佳解中相伴變數 Z_n 的值。

n	0	1	2
z_n	0	0	0

在這種情況下，輔助變數 Z_i 的值就如**表 3.6** 那樣。$W = 5$ 時，因為表 3.5 $n_{\max} = 2$，輔助變數的個數就是 3 個。具體應用時，就會是 $2^0 \cdot 0 + 2^1 \cdot 0 + 2^2 \cdot 0 = 0$。在這次的例子中，塞入的物品重量合計與背包的容量為一致，所以 $Z = 0$。重量的總計若比容量小，則 Z 就會是正值。

試著來使用易辛機吧

本章中列舉了典型的組合最佳化問題，並說明了如何將它公式化。閱讀到此，各位應該已經學會了能用易辛機進行演算的基本知識了。建議各位可以試著實際去操作易辛機的實機或模擬機。在此將介紹於2022年當年基本上能免費試用的方法。不過有時服務會有變更，所以在利用時請確認最新資訊。

D-Wave Leap
https://www.dwavesys.com/solutions-and-products/cloud-platform/

D-Wave的量子計算雲端服務有一個月的免費試用期。之後基本上會要收費，但用這服務開發的編碼是免費的，所以有時能在免費範圍內獲得開發人員方案。也有提供針對量子退火機以及量－傳統混合算子法求解器（Hybrid Solver，併用量子電腦與傳統電腦的求解器）的存取。

Annealing Cloud Web
https://annealing-cloud.com/

是由NEDO（國立研究開發法人新能源產業技術綜合開發機構）企劃所開發的雲端服務，免費公開了CMOS退火機。CMOS退火機是利用易辛模型來進行最佳化處理，所以是活用了使用中的儲存元件構造而開發出來的退火機。在服務上有介紹到退火機的機制、使用方法以及適用事例等。

Fixstars Amplify
https://amplify.fixstars.com/

是能利用易辛機的雲端基礎，能應對各種各樣的易辛機。若是研究‧開發上的利用，可以免費使用 Fixstars提供的GPU基本退火機，以及D-Wave的量子退火機（有時間限制）。各別指導與試用版APP也很豐富充足。

東芝 SBM（模擬分叉機）
https://www.global.toshiba/jp/products.solutions/ai-iot/stm.html

因為是雲端服務（Amazon Marketplace）所以能試用 PoC（概念驗證）。雖沒有 SBM 本身的使用費用，但有 AWS（Amazon Web Services）的虛擬機器（IaaS）的使用費。

ABS QUBO Slover
https://qubo.cs.hiroshima-u.ac.jp/

廣島大學與 NTT 數據所開發的，使用多個 GPU（Graphics Processing Unit）來有效解組合最佳化問題的方法，此演算法稱為「Adaptive Bulk Search」，安裝有這個演算方式的執行環境是免費公開的。透過從 Web 瀏覽器上傳寫有想解問題的檔案就能執行。

以上是易辛機的實機，是要透過網路來使用的類型。若想更輕鬆試用，還有安裝有易辛機模擬器的模擬退火軟體。以下要介紹的就是這種類型，可以安裝進自己的電腦中使用。

dwave-neal
https://github.com/dwavesystems/dwave-neal

這是安裝有模擬退火的 Python 套裝軟體。採用與 D-Wave 量子退火機相同形式來表示目標函數的確定以及演算結果。

OpenJij
https://www.openjij.org/

不僅是模擬退火，也是安裝有模擬量子退火的 Python 套裝軟體。也有公開日文的使用說明。

> **NEXT STEP** 本章中說明了關於典型組合最佳化問題的具體事例與公式化的方法。本章中說明的方法也能應用於複雜的組合最佳化問題上。下一章要介紹到的使用易辛機的機器學習也包含了部分的組合最佳化問題。閱讀下一章後應該就能更了解如何將本章中所學習到的內容應用在更實用的問題上了。

Chapter 4

使用易辛機的機器學習

　　誠如在第 1.2.4 項中說明過的,機器學習是使用電腦從資料中學習的方法。在機器學習中有利用到易辛機,並且也提出了各式各樣的方法。本章中要介紹其中具代表性的。基本來說,我們會將機器學習中的一部分看做是組合最佳化問題並公式化,然後於該部分使用易辛機。也就是說,是合併使用易辛機與傳統型電腦的方法。

Keyword
二元分類→將資料分成兩個群組的分類問題
過度擬合→學習資料過度被最佳化,對新資料而言的正確解答率下降
集成學習→組合多個弱的判別器以打造強的判別器的機器學習方法
提升方法→製作下一個弱的判別器時,考量到此前弱判別器結果的學習方法
矩陣分解→把矩陣分解成矩陣的積的方法
非負矩陣→各構成要素為0以上的實數的矩陣
黑箱函式優化→將形式不明的目標函數(黑箱函數)最佳化的方法
貝式優化→考量到不確定性而進行黑箱函式優化

4.1 二元分類

我們在 3.4 節中已經介紹過了將資料分類成兩種的二元分類簡單例子——能分成兩群組的聚類分析。以下將要介紹能應對更複雜問題的二元分類法。

4.1.1 QBoost

來思考一下將被給予的資料分類成二元（例如白或黑）的情況。首先，要準備好能判定屬於二元中哪一種的「判別器」。可是我們不可能在一開始就準備好能將所有資料做正確判定的完美判別器，因此要準備好幾個針對個體來說準確度沒那麼高的**弱判別器**。QBoost 的目的就是組合多個這些弱判別器以製作出準確度佳的**強判別器**。QBoost 透過將弱判別器的組合最佳化部分使用易辛機，就能做出有效率且精準度佳的強判別器。

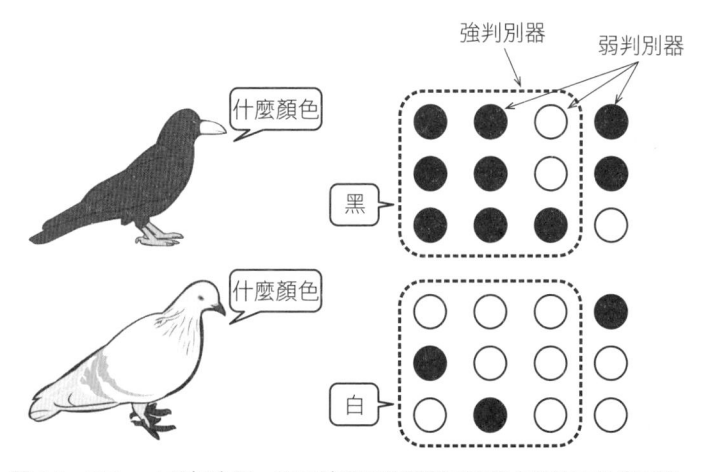

圖 4.1　QBoost 的概念圖。利用被選用的弱判別器的多數決來做出回答。

例如準備好動物的圖片,試著來思考一下將該動物顏色分類成白與黑的問題吧。此時的 QBoost 感覺就如**圖 4.1**。用原型表示的弱判別器中既有正確解答也有錯誤的。我們會從其中選出幾個來製作強判別器,但不可能針對特定問題以準確度高低的順序來選出。做為強判別器,我們要盡可能選出能回答出正確答案機率較高的弱判別器的組合。

● **公式化**

機器學習中,首先需要學習資料。在此先準備好資料以及與之對應的**標籤**套組。若以之前的例子來看,動物圖片是資料,而該動物的顏色(白或黑)就是標籤。假設第 d 個資料為 $x^{(d)}$,而與之相對應的標籤為 $y^{(d)}$。假設 $y^{(d)}$ 的值為 1(白色)或 –1(黑色)。做為學習資料準備好 D 個 $x^{(d)}$ 與 $y^{(d)}$ 的套組。

假設弱判別器全部有 N 個。對第 d 個資料來說,第 i 個弱判別器的分類結果為 $C_i(x^{(d)})$,所以其值為 1(白)或 –1(黑)。此時,強判別器的分類結果可以如下表示。

$$\text{sign}\left(\sum_{i=1}^{N} w_i C_i(x^{(d)})\right) \quad (4.1)$$

在此,sign( ) 是表示符號的函數,括弧中的值若是正的就是 1,負的就是 –1。w_i 是選用第 i 個判別器時為 1,不是時為 0。也就是說,構成強判別器的弱判別器的組合是用 w_i 來表示。

式子(4.1)中,是只考量了被選出的弱判別器的分類結果。被選出的弱判別器中,若 1 出現得比 –1 出現得多,則強判別器的答案就會是 1。反過來說,若 –1 出現得比 1 出現得多,強判別器的答案就是 –1。亦即,我們是用被選用的弱判別器的多數決來決定強判別器的判別結果。

QBoost 就是將 w_i 當成變數,透過如下那樣將目標函數最小化

來求取弱判別器的最佳組合。

$$H = \sum_{d=1}^{D} \Big(\frac{1}{N} \sum_{i=1}^{N} w_i C_i(x^{(d)}) - y^{(d)} \Big)^2 + A \sum_{i=1}^{N} w_i \qquad (4.2)$$

在此，A 是有正值的參數。

　　式子（4.2）的右邊第 1 項是，被選出的弱判別器提出的答案平均愈接近正確解答標籤 $y^{(d)}$ 的值就愈小。選出對所有學習資料來說能盡可能平均提高正確回答率的弱判別器組合就是這個項的目的。可是，若單是這樣，就只會針對學習資料進行最佳化，面對其他新資料時，正確回答率卻有可能會降低。像這樣的現象就被稱為**過度擬合**。二元分類本來的目的是要正確判別新給予的資料，而非僅分析學習資料。發生過度擬合時，就無法達成這樣的效果。

　　式子（4.2）右邊的第 2 項有著抑制像這樣過度擬合的效果。$\sum_{i=1}^{N} w_i$ 是被選中的弱判別器個數。雖是單純形式的項，卻能因此而避免無謂地選出太多弱判別器。參數 A 的值愈大，就能減少選出弱判別器的個數。

● 與傳統方法的不同

　　組合多個弱判別器以製作強判別器的機器學習方法一般被稱為**集成學習**（ensemble learning）。其中有一種方法叫**提升方法**（Boosting）。提升方法是稍微改良弱判別器的方法，雖是在製作下一個弱判別器，卻考量並學習了此前弱判別器的結果。這裡介紹的 QBoost 是透過目標函數的最小化來決定好弱判別器的組合，與傳統的提升方法稍為不同。

　　不僅限於 QBoost，一般使用易辛機的機器學習方法，相較於傳統的類似手法，據說比較不太會出現過度擬合。根據近年來各種研究報告指出，在實際上確實有這樣的傾向。其中原因雖還不

明確，但一般認為，或許是因為易辛機透過使用二元變數而非連續變數才控制了過度擬合。

4.1.2 手寫數字圖像的分類

在此舉個具體的例子，請試著思考一下分類「3」與「8」的手寫數字圖像的問題吧。做為會使用在機器學習例題中的手寫數字圖像，MNIST 資料庫[*1]很著名。也提供有機器學習中常會使用到的程式語言 Python 套裝軟體。

MINST 中有從「0」到「9」的手寫數字圖像資料，但我們只會從中選取「3」與「8」來使用。

MINST 資料庫中，圖像與標籤是成一套組的。若用式子（4.2）中的記號來說，則第 d 個資料的圖像是 $x^{(d)}$，對應標籤 $y^{(d)}$。而其各自的成分則是用 256 階段來表現從白到黑的灰階影像（濃淡）的數值。$y^{(d)}$ 是手寫圖像對應到表示的（正確解答的）數字。

$$x^{(d)} = [0, \ldots, 0, 0, \ldots, 0,$$
$$\ldots,$$
$$0, \ldots, 160, 254, \ldots, 0$$
$$\ldots,$$
$$0, \ldots, 0, 0, \ldots, 0]$$
$$y^{(d)} = -1$$

圖 4.2 「3」的手寫數字圖像範例

QBoost 的重點是將 $y^{(d)}$ 的值設為 1 或 –1。在此，假設「3」的時候 $y^{(d)} = 1$，「8」的時候 $y^{(d)} = -1$。QBoost 中所使用的資料就像圖 **4.2** 那樣。

[*1] The MNIST (Modified National Institute of Standards and Technology) database, http://yann.lecun.com/exdb/mnist/

● **實驗結果**

實際上試著使用模擬退火來進行 QBoost 時雖不是完美的，但也能順利分類。關於「3」與「8」的圖像，合計共學習了 11982 個資料，能以 85% 左右的精確度來進行分類。**圖 4.3** 中顯示了被正確分類的圖像以及被錯誤分類的圖像例子。以人眼似乎是能正確分類，但可以看出那並非典型的形狀。

		推定結果	
		3	8
正確解答	3	3	3
	8	8	8

圖 4.3 正確分類的圖像及分類錯誤的圖像例子

這次隨機準備了 32 個弱判別器，但實際上選擇的則是其中的 7 個左右。在弱判別器中使用深度 1 的**決策樹**。**圖 4.4** 是這個問題時的決策樹範例。某像素的值會因某值的大或小來推定圖像的分類。亦即，各弱判別器只會看到圖像某 1 點像素的值。將多個弱判別器組合起來後，就能利用多個點的值來進行判斷，所以能提高分類的精確度。

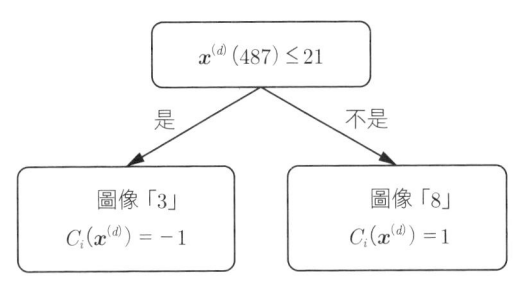

```
        ┌─────────────────┐
        │ $x^{(d)}(487) \leq 21$ │
        └─────────────────┘
          是  ╱       ╲  不是
    ┌──────────────┐  ┌──────────────┐
    │   圖像「3」   │  │   圖像「8」   │
    │ $C_i(x^{(d)}) = -1$ │  │ $C_i(x^{(d)}) = 1$ │
    └──────────────┘  └──────────────┘
```

圖 4.4 決策樹的例子。第 i 個弱分類器的情況。

● **給想學得更詳細些的人**

　　QBoost 的 Python 套裝軟體[*2] 被公開了。其中也有手寫數字圖像分類的示範。因為設定了使用 D-Wave（請參考 3.6.2 節的專欄）的量子退火機，在該利用環境整備好的情況下，各位也可以試用看看。

　　若在網路上進行搜尋，也能找到其他範例程式或日文解說[*3]。也可以參考那些，試著自己寫出程式碼來。

＊2　QBoost, https://github.com/dwave-examples/qboost
＊3　例如使用 OpenJij 教學：退火的集成學習（QBoost），
　　　https://openjij.github.io/OpenJij/tutorial/ja/machine_learning/qboost.html

4.2 矩陣分解

矩陣分解是將矩陣分解成矩陣的積的方法,使用目的為利用矩陣來達成演算的效率化以及萃取出資料的特徵,也應用於推薦系統、圖像處理等範圍廣泛的領域中。在此要來介紹矩陣分解的方法以及萃取出資料的特徵。若不知道矩陣以及矩陣演算的方法,請參考附錄。

4.2.1 非負二元矩陣分解

將矩陣 V 設為 $m \times n$ 的**非負矩陣**。也就是說,矩陣 V 的各構成要素都是 0 以上的實數。思考以下將之分解成 $m \times k$ 的非負矩陣 W 以及 $k \times n$ 的非負矩陣 H 的積的問題。若用式子表示則如下:

$$V \approx WH \qquad (4.3)$$

會是像圖 4.5 那樣。因為右邊與左邊不會完全一致,所以要使用近似的符號「≈」而非等號。

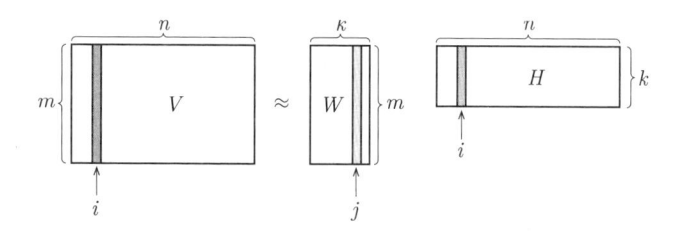

圖 4.5 矩陣因子分解概念圖

矩陣 V 的各行是一個一個的資料。例如第 i 個是資料排入進矩陣 V 的第 i 行。矩陣 W 的各行是表示資料的特徵。這被稱為**基**

向量。例如矩陣 W 的第 j 行是第 j 個的基向量。矩陣 H 的各行是表示近似這些基向量加總後資料的**權重**。例如矩陣 H 的第 i 行是表示,若要近似第 i 個的資料,要用多少重量來加上基向量。

要解決這個問題,傳統方式是**非負矩陣分解**(Non-negative Matrix Factorization, **NMF**)。是能滿足式子(4.3)而交互更新矩陣 W 與矩陣 H 的方法。

利用易辛機來擴展 NMF 的方法就被稱為**非負二元矩陣分解**(Non- negative / Binomial Matrix Factorization, **NBMF**)在 NBMF 中,設 W 為非負矩陣,H 為邏輯矩陣。亦即,H 的構成要素為 0 或 1。比較 NMF 與 NBMF 時雖也會依據用於矩陣 V 中的資料,但有報告指出,基於 WH 的矩陣 V 的近似精確度會更勝於 NMF,演算在收斂前的更新次數則是 NBMF 比較少[*1]。

NBMF 感覺就像圖 4.6 那樣。例如,想像矩陣 V 是由多數的文字圖像資料所組成,某行則是「金」的圖像。矩陣 W 的各行(基向量)是能重現矩陣 V 的部分,但也有相互重疊的部分。這個基向量該怎麼組合加總是由矩陣 H 來指定。按照由矩陣 H 所指定的加總時,就能近似於矩陣 V。

[*1] H. Asaoka, K. Kudo, Image Analysis Baed on Nonnegative/Binary Matrix Factorization, Journal of the Physical Society of Japan 89, 085001(2020).

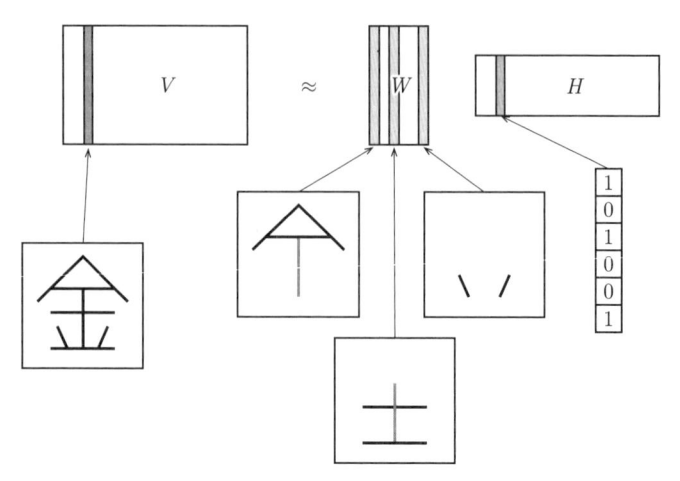

圖 4.6　NBMF 的概念圖（以「金」的圖像分解為例）

● 演算法

在 NBMF 中為了用 WH 近似 V，就要縮小 V 與 WH 的差，亦即要將以下式子最下化而調整 W 與 H。

$$\|V - WH\|_F^2 \tag{4.4}$$

在此，$\|\ \|_F^2$ 是矩陣各構成要素的平方和，所以稱為弗羅貝尼烏斯（Frobenius）距離。此時，不要同時更新 W 與 H，而是要像圖 4.7 那樣每次都更新單邊。W 的各構成要素是非負的實數，所以利用傳統型電腦的演算來更新；而 H 的各構成要素是 0 或 1，所以使用易辛機的演算來更新。重複這步驟後，就會縮小 V 與 WH 的差。將 V 與 WH 的差縮得夠小，或 W 的更新前與更新後差變得夠小時，就結束演算。W 的更新沒有使用易辛機，且也超出了本書的目標範圍，所以在此省略說明[*2]。

[*2] 要更新 W，例如可以使用如下文獻中所說明的投影梯度法（projected gradient method）。C.-J. Lin, Projected Gradient Methods for Nonnegative Matrix Factorization, Neural Computation 19, 2756-2779 (2007).

```
┌─────────────────┐
│ 使用傳統型電腦   │
│    更新 W       │
└─────────────────┘
         │
┌─────────────────┐
│   使用易辛機     │
│    更新 H       │
└─────────────────┘
```

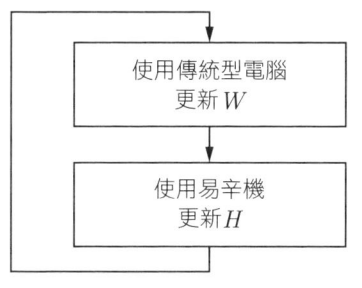

圖 4.7　NBMF 的演算法概略圖

　　用易辛機進行演算部分的目標函數能如 V 以及 H 的行那樣定義。將 V 的第 i 行假設為 V_i，與之對應的 H 的行設為 x，則目標函數就會如下所示。

$$f(x)=\|V_i-Wx\|^2 \qquad (4.5)$$

x 的各構成要素為 0 或 1。求用易辛機能將式子（4.5）最小化的 x，並將之設為 H 的第 i 列。針對 i = 1、⋯、n 進行這個演算，就能更新矩陣 H 全體。

4.2.2　臉部圖像的合成

　　以具體例子來看，試著將臉部圖像設定為矩陣 V 的各行，並進行 NBMF 吧。從 Python 的機器學習函式庫 scikit-learn 裡的所有臉部圖像資料集中抽出三人的臉部圖像來使用。**圖 4.8** 是將三人的臉部圖像做為樣本並列。每個人表情各異的圖像各有 10 張，全部共有 30 張。

圖 4.8　從臉部圖像集[*3]中抽出三個人的圖像

圖 4.8 的每一張圖像尺寸都是 64×64，若維持原樣，矩陣的維度會過大，因此要將尺寸變更為 32×32 來使用。也就是說，矩陣 V 的列數為 $m = 32×32 = 1024$，行數為 $n = 30$。各構成要素為 0～1 的實數，表現出了灰階影像。

將矩陣 W 的行數以及矩陣 H 的列數亦即基向量的數設為 $k = 6$ 並試著進行 NBMF。結果，W 的各行會變成如圖 4.9 那樣的圖像。看起來都是模糊的臉部圖樣，而且會發現完全與圖 4.8 中的任一圖像都不一樣。

圖 4.9　表示矩陣 W 各行的圖像

進行 NBMF 時，會同時獲得矩陣 W 與矩陣 H。H 的構成要素為 0 或 1，所以即便看著這樣的數值也難解其意。相對的，試著來看一下復原圖像的情況吧。設表示原圖像的行向量為 v_i，與之對應的矩陣 H 的行向量為 H_i。因為會變成是 $v_i \approx WH_i$，所以針對 v_i 復原的圖像會是 WH_i。將圖 4.8 的第一個（左上）圖像當作原圖像，與復原圖像並列顯示的就是圖 4.10。此時的 H_i 構成要素為

---

*3　The Olivetti faces dataset, AT&T Laboratories Cambridge.

[0,1,0,0,1,1]。也就是說，圖 4.10 的復原圖像是組合了圖 4.9 從左起的第二個、第五個、第六個的圖像。

圖 4.10　原圖像（左）與復原圖像（右）

應該注意的一點是，即便使用相同資料、相同參數來進行，每次都不一定會獲得相同的結果。因為易辛機還原的解（矩陣 H 的構成要素）不一定每次都一樣。因為是基於矩陣 H 的構成要素來更新 W，基向量也會在每次進行時形成不一樣的圖像。

4.3 黑箱函式優化

此前處理的問題是定義了目標函數後將之最佳化。可是實際上，經常會碰到不知道想解問題目標函數形式的情況。要最佳化像那樣不知形式的目標函數，也就是黑箱函數的方法，就是黑箱函式優化。

4.3.1 未知目標函數的最佳化

如圖 **4.11** 所示，黑箱是針對輸入資料以某種規則還原輸出值 y。該規則是取決於黑箱函數 $y = B(x)$，但函數的形式則未知。來思考一下如何將這個未知的函數 $B(x)$ 最佳化吧。

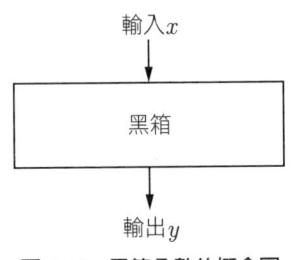

圖 4.11　黑箱函數的概念圖

要黑箱函式優化有各種各樣的方法，在此要來介紹其中一個被稱為**貝式優化**的方法。黑箱函數內容是未知的，所以無法直接最佳化。相對的，可利用簡單形式的**代理函數**（也被稱為採集函數），使之近似黑箱函數並最佳化。製作這個代理函數時，會考量到不確定性並使用隨機過程（特別是高斯過程）的方法就被稱為貝式優化。利用易辛機的方法時，混以 QUBO 形式（二元變數的

2 次多項式）來表示代理函數。雖也會視要解決的問題性質而定，但有報告指出[*1]，用易辛機（又或是模擬退火）來將代理函數最佳化，會比使用連續變數的最佳化法獲得更好的結果。[*7]

演算法的大致流程如下。

1. 製作符合此前收集到數據的代理函數 $H(x)$。
2. 將代理函數 $H(x)$ 最佳化，獲得 x。
3. 從黑箱函數中獲得新數據 $y = B(x)$。

重複這個步驟，就能找出黑箱函數的最佳解。在步驟 2 中如何設定最佳化的代理函數是重點。

4.3.2　利用線性迴歸的最佳化

● 線性迴歸

在此要來使用的方法是利用**線性迴歸**來做出代理函數。所謂的線性指的是 1 次函數。要能符合數據 $(x^{(d)}, y^{(d)})$（d 是數據的號碼）就要調整 1 次函數 $y = f(x)$ 的參數（係數），這就是線性迴歸。

在黑箱函式優化中所使用的函數為多變數（$x = [x_1、\cdots、x_N]$），但要能掌握住線性迴歸的意象，首先要用 1 變數的例子來說明。如**圖 4.12** 的點那樣，假設給予了數據 $(x^{(d)}, y^{(d)})$。要能符合這些點，就要調整直線 $y = ax + b$ 的參數 a、b。

[*1] A. S. Koshikawa, M, Ohzeki, T. Kadowaki, K. Tanaka, Benchmark Test of Black-box Optimization Using D-Wave Quantum Annealer, Journal of the Physical Society of Japan 90, 064001 (2021).

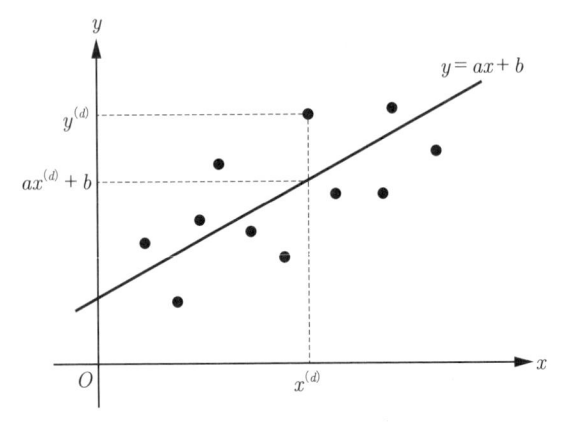

圖 4.12　線性迴歸

經常使用的參數調整法是將數據（$x^{(d)}, y^{(d)}$）以及對之的預測值 $y = ax^{(d)} + b$ 的差的平方和最小化的最小平方法。

$$\sum_d \left\{ y^{(d)} - (ax^{(d)} + b) \right\}^2 \tag{4.6}$$

具體的數值計算法說明就交由其他教科書，此處則省略不談[*2]。

● 製作代理函數的方法

接著，我們要來使用易辛機將代理函數最佳化。因此，代理函數要用 QUBO 形式，也就是二元變數的 2 次多項式來表示。可是，線性迴歸中函數一定要是 1 次多項式。因此要讓代理函數中所使用的變數 x 對應新的變數。有 N 個數據時，代理函數的變數是 $x = [x_1、\cdots、x_N]$。對此，我們要定義新的變數向量如下，並將對應係數向量寫成如式子（4.8）。

$$X = [1, x_1,\ldots, x_N, x_1 x_2, x_1 x_3,\ldots, x_2 x_3, x_2 x_4,\ldots, x_{N-1} x_N] \tag{4.7}$$

[*2] 簡單來說，要讓 a 與 b 各自的偏微分為〇，並求出 a、b。若要說明為什麼這麼做可以求出將式子（4.6）最小化的 a、b 將會偏離本書的目標，所以請參照數值分析等的教科書。

$$a = [a_0,\ a_1,\ldots,\ a_N,\ a_{1,2},\ a_{1,3},\ldots,a_{2,3},\ a_{2,4},\ldots,\ a_{N-1,N}] \qquad (4.8)$$

在線性迴歸中所使用的函數就用這兩個向量的內積來表示。

$$y = a \cdot X = a_0 + a_1 x_1 + \cdots + a_N x_N + a_{1,2} x_1 x_2 + \cdots + a_{N-1,N} x_{N-1} x_N \qquad (4.9)$$

這既是 X 的 1 次式，同時也是 x 的 2 次式。

　　代理函數的形式是取決於式子（4.9），所以接下來思考一下該係數 a 的給法吧。為此要表示出從代理函數中所獲得的預測值與實際數據值偏離了多少（這稱為損失），並如下定義**損失函數**[*3]。

$$L(a) = \sum_{d=1}^{D} \left(y^{(d)} - a \cdot X^{(d)} \right)^2 + \lambda a \cdot a \qquad (4.10)$$

我們的目標是要求取能讓這式子的值最小化的 a。

　　式子（4.10）的右邊第 1 項是將針對從式子（4.9）所獲得的 $X^{(d)}$ 的預測值 $a \cdot X^{(d)}$ 與實際數據 $y^{(d)}$ 之間的差的平方加上 D 個數據。也就是同於最小平方法。

　　式子（4.10）右邊第 2 項被稱為正則化項，有防止**過度擬合**的效果。λ 是表示該效果強度的正實數。若發生了過度擬合，函數有可能會變得過於複雜。要能將函數簡單化，只要減少式子（4.9）的項數，亦即讓不需要的項的係數為 0 就可以了。式子（4.10）右邊第 2 項是將各係數平方和變為 λ 倍。要保持此項為小，即要讓不需要的係數為 0，或是將各係數的值控制在適度的大小即可。

　　式子（4.10）是 a 的 2 次函數。在此（下方凸起處）請回想一下，只要進行配方法就能求得 2 次函數的最小值。將 1 變數的 2 次函數進行配方法時，能寫成如下式。

[*3] 有時我們會稱式子（4.10）為成本函數，除右邊第 2 項以外的稱為損失函數。

$$f(x) = \alpha(x-\beta)^2 + \gamma \qquad (4.11)$$

若描繪成圖表,就會是**圖 4.13** 那樣。要在符合式子(4.10)的情況下求對應於這個函數所說的 β。

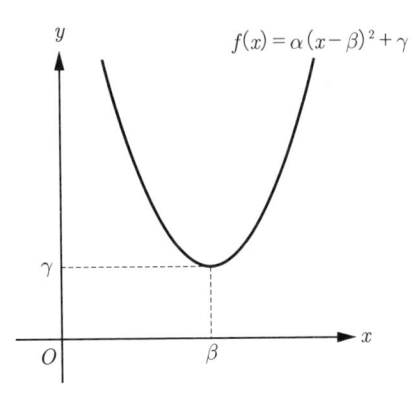

圖 4.13　2 次函數

● 決定代理函數的係數

這個項目若是不熟悉數式會難以理解,可以先跳過。

首先試著用向量的構成要素重寫式子(4.10)。在此為了說明,就將 a 的構成元素寫成 a_i、$X^{(d)}$ 的構成元素寫成 $X_i^{(d)}$。

$$L(a) = \sum_d \left(y^{(d)} - \sum_i a_i X_i^{(d)} \right)^2 + \lambda \sum_i a_i^2 \qquad (4.12)$$

展開並統整這個式子後就會寫成如下:

$$L(a) = \sum_{i,j} \left(\sum_d X_i^{(d)} X_j^{(d)} + \lambda \delta_{i,j} \right) a_i a_j - 2 \sum_i \left(\sum_d y^{(d)} X_i^{(d)} \right) a_i + \sum_d \left(y^{(d)} \right)^2 \qquad (4.13)$$

不過,$\delta_{i,j}$ 是**克羅內克 δ 函數**〔式子(3.16)〕的符號,所以 $i = j$

時，$\delta_{i,j}=1$；$i \neq j$ 時，$\delta_{i,j}=0$。在此將右邊第 1 項括弧中的內容寫成如下。

$$V_{i,j}=\sum_{d} X_i^{(d)} X_j^{(d)} + \lambda \delta_{i,j} \tag{4.14}$$

將式子（4.13）進行配方法後，就能統整成如下式般（因為導出的方法很複雜，將收錄在附錄中）。

$$L(a)=\sum_{i,j} V_{i,j} \left\{ a_i - \sum_k U_{i,k} \left(\sum_d y^{(d)} X_k^{(d)} \right) \right\} \left\{ a_j - \sum_k U_{j,k} \left(\sum_d y^{(d)} X_k^{(d)} \right) \right\} + (常數項) \tag{4.15}$$

最後的常數項是不包含 a 的構成要素的項。不過，假設 $U_{j,k}$ 滿足如下的關係式。

$$\sum_j V_{i,j} U_{j,k} = \delta_{i,k} \tag{4.16}$$

若用 $V_{i,j}$ 來表示矩陣 V 的構成元素，用 $U_{i,j}$ 來表示矩陣 U 的構成元素，U 就是 V 的逆（反）矩陣。

從式子（4.15）中可以如下般求出將損失函數最小化的 a 的構成元素 a_i。

$$a_i = \sum_k U_{i,k} \left(\sum_d y^{(d)} X_k^{(d)} \right) \tag{4.17}$$

不過，我們不能直接將之用作代理函數的係數。要利用以平均這個值的**多變量常態分析**為基礎的亂數來給予代理函數的係數。多變量常態分析的說明很複雜，所以收錄在附錄中。在此只要以式子（4.17）為主，思考讓值分散不一致就夠了。

之所以基於多變量常態分析來使用亂數的意圖，是考量到了式子（4.17）的值的**不確定性**。本節開頭提到的「利用隨機過程

（尤其是高斯過程）」就是指這個部分。值的不確定性會反映因亂數所導致的離散情況，但這會取決於矩陣 V。若用圖 4.13 那樣單純的 2 次函數來說，就跟頂點的膨脹情況會取決於 α 一樣。

● **代理函數QUBO編碼與全體的演算法**

決定了代理函數的係數後，接著就要將代理函數最佳化。為了能用易辛機來進行，我們將式子（4.9）改寫成 QUBO 形式的熟悉模樣吧。

$$H(x)=\sum_{i=1}^{N}\sum_{j=i+1}^{N}J_{i,j}x_ix_j+\sum_{i=1}^{N}h_ix_i \qquad (4.18)$$

常數項不會影響到代理函數的最小化，所以省略。$J_{i,j}$ 與 h_i 則各自有著如下的對應。

$$J_{i,j}=a_{i,j}, \qquad h_j=a_j \qquad (4.19)$$

若用易辛機來將式子（4.18）最小化，就將獲得的解 x 輸入進黑箱函數中。將這個輸入 x 以及與之相對的輸出 y 追加進此前的數據中，就能求出代理函數的新係數。

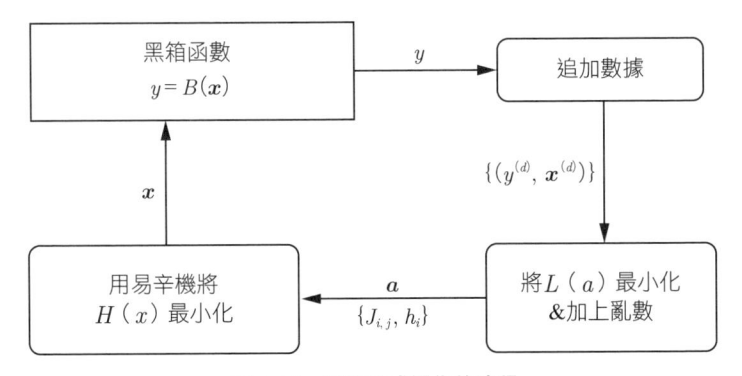

圖 4.14　黑箱函式優化的流程

在此，統整一下黑箱函式優化的演算法吧。整體流程如**圖 4.14**。一開始先在黑箱函數中進行適當地輸入，獲取幾個數據。然後求將損失函數 $L(a)$ 最小化的 a，並加上能考慮到不確定性的亂數。由此所獲得的代理函數係數 a，就能定下 QUBO 形式的 $H(x)$。將用易辛機將 $H(x)$ 最小化所得來的 x 輸入進黑箱函數，就會獲得新的數據。將這個數據加上匯集好的數據，就能求代理函數的新係數。透過重複這樣的循環，就能求出將黑箱函數最小化的近似解。

● **具體事例**

以下要來介紹做為黑箱函數，設定 $\cos\theta$ 的情況[*4]。本來，我們並不知道黑箱中的內容，所以也會有無法明確用式子表示的時候，但還是能簡單判斷是否能得到正確解答。

易辛機中使用的變數 x 為二元變數，所以 θ 要用二進制表現來表示。在此使用的黑箱函數將如下定義。

$$B(x) = \cos\left(\sum_{i=1}^{N} 2^{i-1} x_i\right) \quad (4.20)$$

本來 θ 應該使用實數來表現，但這次使用從 0 到 $2^N - 1$ 的整數。

圖 4.15 是將變數的數設成 $N = 5$ 來試著進行的例子。隨著推進重複的次數，能看到其被最佳化。重複 8 次時，看起來就達到了 $\cos\theta$ 的最小值 −1。實際上變數的數量較少，所以有誤差，精確來說，不是 $y = -1$，而是非常接近的值。

[*4] 精確來說是 $\cos\theta$ 的近似函數。

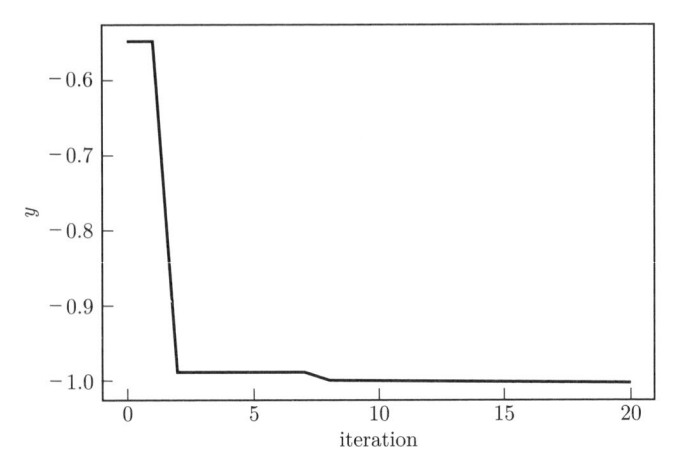

圖 4.15 黑箱函式優化的樣子。橫軸是重複次數。
縱軸是此前所獲得數據 y 的最小值。

在此已有準備了三個初期的數據，其中的最小值就是一開始 y 的值。因為是任其隨機產生數據，有時會從一開始就出現接近 −1 的值。反過來說，也有從不同數值開始的情況。不論哪種情況，隨著重複次數的推進，y 的值都會被更新到接近最佳解。

這次的具體事例是非常簡單的函數的最佳化。對這樣簡單的問題，使用易辛機會很花時間精力，所以反而是不利的。適用於未知其中內容且更複雜的函數時，才有利用易辛機的價值。

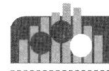

玻爾茲曼機器學習

　　深度學習是機器學習的技術之一。深度學習會應用在各範圍中，例如圖型識別、語音辨識、語言處理等。玻爾茲曼機器學習是奠定這個深度學習基礎的方法，發展上與易辛機並無相關。可是，定義玻爾茲曼機械學習中所使用的模型，也就是定義玻爾茲曼機的能量函數形式與易辛模型的哈密頓算符一樣，因此能適用於易辛機的演算。

　　在此將能量函數如下表示。

$$E(x,\theta) = -\sum_{i<j} w_{ij}\, x_i x_j - \sum_i b_i\, x_i \qquad (4.21)$$

x_i 是第 i 個變數的狀態，值為 0 或 1（也會有 ±1 的情況）。參數 w_{ij} 是第 i 個與第 j 個變數的耦合係數（加權）。對應局部磁場的參數 b_i 被稱為「第 i 個變數的偏壓」。左邊的 θ 是統合了 w_{ij} 與 b_i。

　　玻爾茲曼機是用式子（4.21）的能量函數來表示，會如下式來計算機率密度函數。

$$P(x\mid\theta) = \frac{e^{-E(x,\theta)}}{\sum_x e^{-E(x,\theta)}} \qquad (4.22)$$

這個形式的機率分布就稱為**玻茲曼分布**。這就是玻爾茲曼機名稱的由來。式子（4.22）所表現的是被給予參數 θ 時 x 的機率分布。玻爾茲曼機器學習中，為了讓這個機率分布 $P(x\mid\theta)$ 接近被給予的數據分佈，就要調整參數 θ。

　　進行參數調整的步驟中，有著透過式子（4.22）來進行的平均值演算。要精確地求出該平均值，就必須取得變數 x 所有組合的和。若變數的數量為 N，組合數就會是 2^N，所以若變數的數變大，將難以進行演算。因此，我們經常使用的抽樣法就是**馬可夫鏈蒙地卡羅的方法**

（Markov chain Monte Carlo methods），這是個演算近似平均值的方法。不過，這須要多次的抽樣（亦即取多個變數 x 的樣本），很花時間，所以無法高效演算。

另一方面，現已知，對耦合結構有約束的**受限玻爾茲曼機**，可以很有效率地演算平均值。受限玻爾茲曼機如**圖4.16**那樣，對圖形的結構有限制。可視層的變數與隱藏層的變數間有耦合，但各層內部間沒有耦合。這種情況下，若使用對比分歧（Contrastive Divergence）法這個方法，就能有效率地進行演算[*1]。圖4.16中只有隱藏層與可視層的兩層，但可以一層層地追加、學習。這樣層層積累的方法就是深度學習的方法之一。

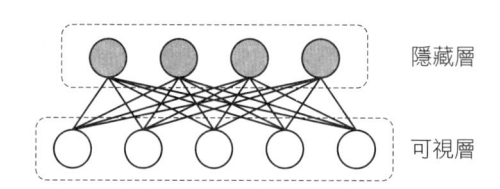

圖4.16 受限波爾茲曼機。圓形表示變數，線表示耦合。

但是，利用式子（4.55）的平均值計算還有其他完全不一樣的方法可用，那就是使用量子退火的抽樣法。有研究指出，用D-Wave（參考3.6.2節專欄）的量子退火機將式子（4.21）做為哈密頓算符來進行演算時，獲得的輸出（候選的解）很接近於式子（4.22）的分布。只要利用這個性質，就能使用獲得的候選解來演算平均值。

使用量子退火機的玻爾茲曼機器學習顯示出了做為抽樣應用的可能性。這既是易辛機最佳化以外使用法的代表例子，也讓我們期待可以擴大機器學習的應用。

[*1] 對比分歧法的說明超出本書範圍，故省略。請參考受限波爾茲曼機的一般解說。

> **NEXT STEP** 本章中，介紹了機器學習中利用易辛機的幾個代表性方法。除了此處介紹過的以外，還有使用各式各樣方法的研究在進行中。利用易辛機演算的方法在此先告一段落。下一章將要來介紹閘型量子電腦的演算機制與演算法。

Chapter 5

閘型量子電腦

在 1.1.1 節中介紹過的閘型量子電腦,於現狀中所使用的實機還是小、中規模的,但我們期望它接下來會有飛躍性的發展。它是以與此前說明過的易辛機用完全不一樣的原理在進行演算。本章中,將要來說明該計算的機制與基本觀念。

Keyword
布洛赫球面→用圖來表現量子位元狀態的方法
X閘→反轉量子位元的量子閘
阿達馬閘→將 Z 軸繞往 X 軸方向傾斜45°的軸旋轉180°
重疊狀態→多個狀態無法確定,處於中間的狀態
量子電路圖→顯示針對量子位元操作一連串步驟的圖
受控反閘→應對控制位元的狀態反轉目標位元的閘。經常用來製造纏結狀態。
最大量子糾纏態→(2量子位元的情況下)測定一方量子位元時,另一方量子位元狀態即便不測定也是固定的狀態
通用量子閘→能做任意演算的量子閘組合
預言機(Oracle)→針對一個輸入只會回以0或1的輸出的裝置
相干時間→能保持量子狀態的時間
光子→把光當成粒子來思考的名稱

5.1 閘型量子電腦的演算機制

閘型量子電腦與退火型量子電腦不一樣,是透過對量子位元進行量子閘的操作來演算。在此將要說明其基本的演算機制與演算步驟。

5.1.1 用量子閘來操作量子位元

● **量子位元的表現**

「位元」是資訊量的基本單位,一般有 0 或 1 這兩種值。量子位元的情況是,不止有 0 或 1,也有被稱為**疊加態**的中間狀態。不過,能成為疊加態是在測定量子位元的狀態之前。一旦進行測定,為應對當時的量子位元狀態,就會以某程度的機率固定為 0 或 1 這兩者中其中一種的狀態(**圖 5.1**)。

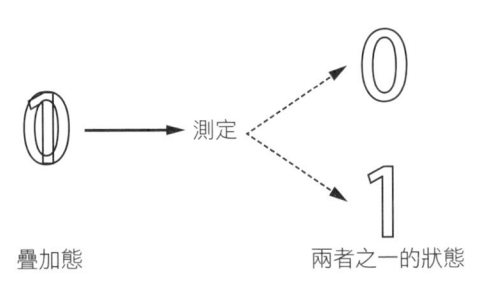

圖 5.1 量子位元的狀態

要表現量子位元的狀態,常會使用被稱為括量(ket)的符號 $|\rangle$ [*1]。將 0 的狀態寫為 $|0\rangle$,將 1 的狀態寫為 $|1\rangle$。假設量子位元的

---
* 1 括弧的英文為 bracket,是從其後半的 ket 而來。順帶一提,前半 bra 的符號為 $\langle|$。

任意狀態為 $|\psi\rangle$ 時，這就是 $|0\rangle$ 與 $|1\rangle$ 的疊加態，會用如下式子來表示。

$$|\psi\rangle = \alpha|0\rangle + \beta|1\rangle \qquad (5.1)$$

係數的 α、β 是複數，$|\alpha|^2$ 是對應量子位元為 0 的狀態的機率，$|\beta|^2$ 是對應為 1 的狀態的機率。機率全加起來就是 1，所以 $|\alpha|^2 + |\beta|^2 = 1$。亦即要測量式子（5.1）狀態的量子位元時，因為機率 $|\alpha|^2$ 而能獲得 0 的狀態，因為 $|\beta|^2$ 而能獲得 1 的狀態。

也有用圖來表現量子位元狀態的方法，即如圖 5.2 所示的**布洛赫球面**[*2]。將量子位元的狀態對應到半徑 1 的球面上的點，用從原點延伸到該點的箭頭來表示。用布洛赫球面來表現可以在視覺上比較容易理解量子位元的狀態。要能對應到圖中所示的角度，就要將式子（5.1）改寫成如下。

$$|\psi\rangle = \cos\frac{\theta}{2}|0\rangle + e^{i\phi}\sin\frac{\theta}{2}|1\rangle \qquad (5.2)$$

θ 是從 z 軸延伸出的角度。$\theta = 0$（北極）是對應 $|0\rangle$，$\theta = \pi$（南極）是對應 $|1\rangle$。ϕ 從 xy 平面內 x 軸延伸出來的角度，所以我們可以得知如下的公式（**尤拉公式**）。

$$e^{i\phi} = \cos\phi + i\sin\phi \qquad (5.3)$$

在此，i 是虛數單位（$i = \sqrt{-1}$）。像這樣用布洛赫球面來表現時，也會比較容易了解之後要說明的量子閘操作意義。

[*2] 這個名稱是來自物理學者 Felix Bloch（費利克斯・布洛赫）。

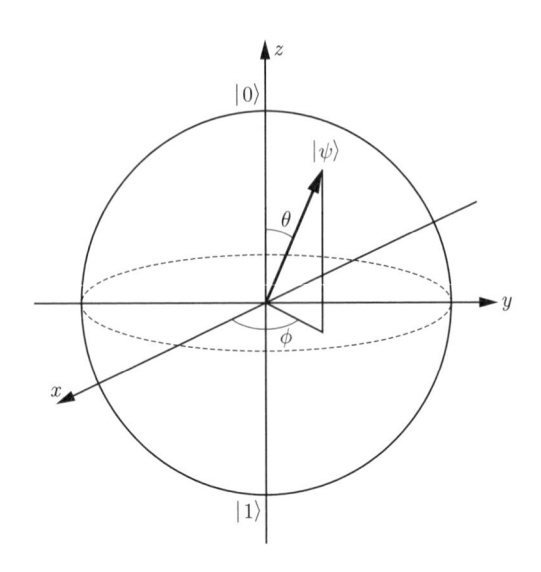

圖 5.2　布洛赫球面

　　但是，退火型量子電腦明明也有使用量子位元，卻無法用布洛赫球面來做說明。其中有什麼不一樣呢？答案就是，演算機制不一樣。退火型量子電腦雖也有利用量子位元的疊加態來演算，但演算途中的狀態是放任自然的。人所要操作的是圍繞著量子位元的環境，也就是加在量子位元間耦合以及量子位元上的磁場。與之相對，閘型量子電腦會操作量子位元的狀態。因此，利用閘型量子電腦的演算，必須要詳細表現出量子位元的狀態。

● **1量子位元閘**

　　我們稱對一個量子位元進行變更狀態操作的量子閘為 1 量子位元閘。1 量子位元閘的操作對應於布洛赫球面處的箭頭**迴轉**。

　　我們經常會使用的其中一個 1 量子位元閘就是 X **閘**。這是使 $|0\rangle$ 為 $|1\rangle$，$|1\rangle$ 為 $|0\rangle$，也就是讓量子位元反轉的量子閘。寫成式子就如下。

$$X|0\rangle=|1\rangle, \qquad X|1\rangle=|0\rangle \qquad (5.4)$$

X 閘也可以說是將布洛赫球面的箭頭圍繞 X 軸迴轉 180° 的操作。同樣地，圍繞著 y 軸以及 z 軸迴轉 180° 的操作就各稱為 Y 閘、Z 閘。

還有一個常會使用的量子閘就是**阿達馬（Hadamard）閘**[*3]，也稱為 H 閘。這是將 Z 軸繞往 X 軸方向傾斜 45° 的軸（也就是將 z 軸與 x 軸的中間當成軸心）迴轉 180°（π）的操作。寫成式子會如下。

$$H|0\rangle=\frac{|0\rangle+|1\rangle}{\sqrt{2}}=\cos\frac{\pi}{2}|0\rangle+e^{i0}\sin\frac{\pi}{2}|1\rangle \qquad (5.5)$$

$$H|1\rangle=\frac{|0\rangle-|1\rangle}{\sqrt{2}}=\cos\frac{\pi}{2}|0\rangle+e^{i\pi}\sin\frac{\pi}{2}|1\rangle \qquad (5.6)$$

圖 5.3 即為其圖示。($|0\rangle+|1\rangle$) / $\sqrt{2}$ 是對應 x 軸的正向，($|0\rangle-|1\rangle$) / $\sqrt{2}$ 是對應 x 軸的負向。

[*3] 就數學來說是進行阿達馬變換的閘，其名稱是來源於數學家 Jacques Hadamard（雅克・阿達馬）。

(a) $H|0\rangle$ 的操作

將 $|0\rangle$ π 迴轉成為 $\frac{|0\rangle+|1\rangle}{\sqrt{2}}$

(b) $H|1\rangle$ 的操作

將 $|1\rangle$ π 迴轉成為 $\frac{|0\rangle-|1\rangle}{\sqrt{2}}$

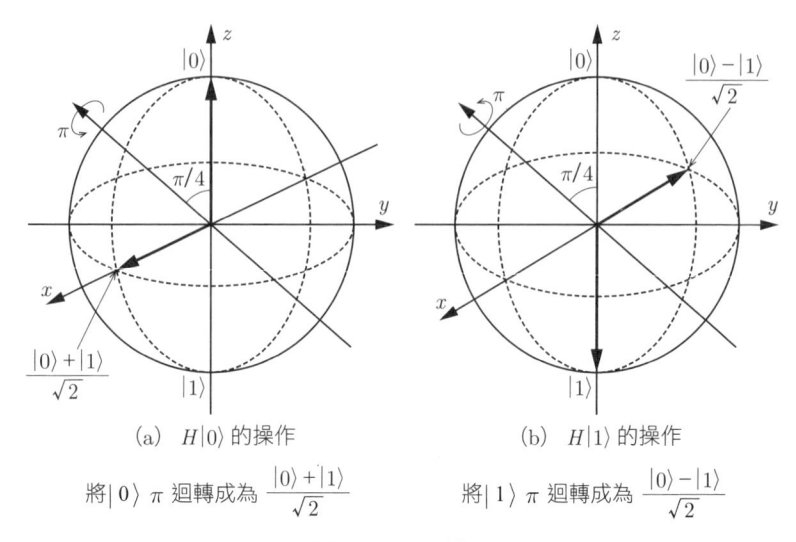

圖 5.3　H 閘的作用

　　式子（5.5）的意思是，若將 H 閘用於 $|0\rangle$ 的狀態，就能形成 $|0\rangle$ 與 $|1\rangle$ **均等的疊加態**。同樣地，式子（5.6）是將 H 閘用於 $|1\rangle$ 時，也表示能形成 $|0\rangle$ 與 $|1\rangle$ 的均等疊加態。我們常會使用 H 閘的原因就在此。打造均等疊加態的操作對之後要說明的量子演算法（用閘型量子電腦來進行演算的演算法。操考 1.1.1 節）來說是必須的。

　　除了在此介紹到的，還有好幾種名為 1 量子位元閘的，例如相位閘、S 閘與 T 閘等。此外也能定義進行任意迴轉操作的量子閘。詳細介紹需要線性代數的知識，這裡就省略不談。

5.1.2　**用量子電路來表現演算法**

● **量子電路**

　　要表現量子演算法，就要使用顯示針對量子位元操作的一連串步驟的**量子電路圖**。圖 **5.4** 中，顯示了量子位元在兩種情況下

的量子電路圖例子。每一條橫線都對應一個量子位元。左端寫有各量子位元的初期狀態。時間流逝的方向是從左到右。1 量子位元閘則是以寫在四方形中的量子位元記號來表示。圖 5.4 中，讓 H 閘作用於從上面數來的第一個量子位元。

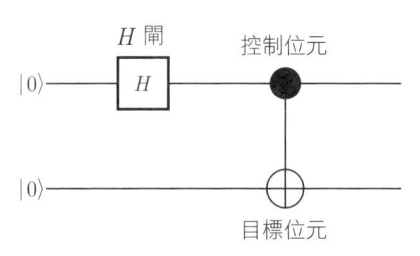

圖 5.4　量子電路圖範例

● **受控反閘與纏結狀態**

圖 5.4 的量子電路圖中還會使用一組用有黑色圓圈與 ⊕ 這兩種記號的東西。這就稱為**受控反閘**（controlled-NOT gate, CNOT）。這是最常使用的 2 量子位元閘的一種，黑色圓圈被稱為控制（control）位元，⊕ 被稱為目標（target）位元。控制位元為 1 的狀態時，目標位元的狀態是翻轉的。此外，控制位元不是黑色圓圈而是白色圓圈的情況下，控制位元為 0 的狀態時，目標位元會翻轉。

來試著追蹤圖 5.4 量子電路所形成的狀態變化吧。並排書寫兩個量子位元的狀態，則初期狀態為 $|0\rangle_1|0\rangle_2$。在此，下標所寫的是從上數來第一個與第二個量子位元的標記。首先，當 H 閘對第一個量子位元起作用，依式子（5.5）的量子狀態會如下變化。

$$\frac{1}{\sqrt{2}}(|0\rangle_1+|1\rangle_1)|0\rangle_2 = \frac{1}{\sqrt{2}}(|0\rangle_1|0\rangle_2+|1\rangle_1|0\rangle_2) \qquad (5.7)$$

其次，若讓受控反閘起作用，第一個量子位元只有在 $|1\rangle_1$ 的

情況下,第二個量子位元才會翻轉,所以會變成下頁圖。

$$\frac{1}{\sqrt{2}}(|0\rangle_1|0\rangle_2+|1\rangle_1|1\rangle_2) \quad (5.8)$$

式子(5.8)是被稱為最大量子糾纏態(也被稱為 **EPR 態**[*4]、貝爾態)的狀態。「糾纏」這個詞有時也會翻譯為「纏結」。我們先不論糾纏態的正確定義,在此先關注其性質吧。

式子(5.8)的意思是,兩方的量子位元為 0 的狀態的機率,與兩方量子位元為 1 的狀態的機率相同,亦即,各有 1/2 的機率。除此之外的狀態,例如第一個為 1 的狀態而第二個為 0 的狀態等的機率為零。也就是說,第一個量子位元若為 0 的狀態,第二個量子位元一定是 0 的狀態;第一個量子位元為 1 的狀態,則第二個量子位元也必定是 1 的狀態。

只要巧妙利用這個性質,就能利用量子演算法提高獲得期望結果的機率。例如,假設兩個量子位元想獲得雙方都為 0 的狀態。首先,試著思考兩個量子位元不是糾纏態,而是各自獨立為 0 的狀態與 1 的狀態,處於均等疊加態的狀況。各量子位元的測定結果為 0 的機率都為 1/2,所以雙方都能獲得 0 狀態的機率為 1/2×1/2 = 1/4。對此,只要使用式子(5.8)的最大量子糾纏態,雙方都能以 1/2 的機率獲得 0 狀態。也就是說,能以均等疊加態情況下的 2 倍的機率獲得想獲得的狀態。

最大量子糾纏態在實現量子通訊以及量子糾錯上是很重要的。想知道得更深入的人,建議可以閱讀書末列出的量子資訊以及量子運算的教科書。

[*4] 這個狀態的名稱是取自於提出該狀態的論文作者──愛因斯坦(Einstein)、波多爾斯基(Podolsky)和羅森(Rosen)。貝爾態的貝爾(Bell)也是一位人物的名字。

● **通用量子閘**

　　閘型量子電腦是靠著好幾個 1 量子位元與受控反閘的組合而能做到任意的演算。我們稱像那樣能進行任意演算的量子閘組合為**通用量子閘**。通用量子閘不限於一套，而是有好幾種組合。

　　量子閘不會只對一個或兩個量子位元起作用，能定義為會對超過三個的量子位元起作用。思考量子電路時，一般認為，使用許多種類的量子閘會比較方便。可是實際上，量子電腦可能進行的操作會視裝置而異，種類也有限。因此，實際裝置無法進行的操作就必須置換成組合好幾個量子位元的東西才能做同等的演算。此時，若該裝置備有通用量子閘，就能進行操作。

5.1.3　重複量子操作與測量

　　進行量子演算後，要能獲得演算結果就必須測量量子位元。各量子位元於測量時會固定為 0 或 1 的狀態。例如若對圖 5.4 的量子電路的最後施加測量操作，就會變成如**圖 5.5** 那樣。若進行到測量這一步，就如能從式子（5.8）中所得知的那樣，量子位元因為每一個都是 1 / 2 的機率，所以雙方會變成是 0 的狀態或雙方都是 1 的狀態。不過因為測量結果是機率性的，若只測量 1 次，將無法判斷是否是如理論那樣進行演算。要確認是否有正確進行，就必須多次進行並檢視出現的頻率。

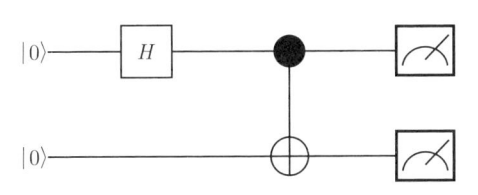

圖 5.5　量子操作後，最後要測量量子位元。

即便量子電路不受到雜訊的影響而進行得很理想，但也經常會有要多次進行相同量子電路的情況。例如以下的情況。

- 以實現機率高的狀態為解而設計的演算法
- 利用測量結果出現頻率分布的演算法
- 確認演算法是否如所想般進行時

現在的量子電腦有時會受到雜訊影響，因而會被測量出理論上不應該出現的狀態。因此無論如何都須要進行多次操作。

即便是在理想的狀況下仍須多次測定的狀況或許難用此前的說明來進行想像。下一節將會具體介紹量子演算法，所以請先記住到目前為止的說明即可。

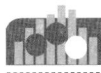

試著來體驗一下閘型量子電腦吧

閘型量子電腦的開發正快速進展中,以國外為主,提供有許多的雲端服務。其各自都獨自開發了能操縱實機的開發環境(軟體等),也有提供模擬器。所謂的模擬器,就是能將由量子電腦所進行的演算在傳統電腦上進行模擬的軟體。也有在雲端服務提供模擬器來進行的環境。

2022年時,可以免費使用實機的日文文檔也很充足,其中,IBM的量子電腦就很有名。可以將Qiskit[1]這款軟體灌入自己的電腦中來使用。雖然能免費使用的實機量子電腦數量不多,但卻能夠輕鬆體驗。

有很多免費的模擬器類型都能灌入自己的電腦中來使用。例如日本開發的Qulacs[2]這款模擬器,就確實備有日文教學以及相關的自學教材。推薦各位可以尋找符合自己興趣的模擬器,一邊使用一邊學習。

---

*1 Qiskit 的文檔,https://qiskit.org/documentation/locale/ja_JP/
*2 Qulacs 的文檔,https://docs.qulacs.org/ja/latest/

5.2 量子演算法

量子演算法中有些演算法是從量子電腦出現前就被提出的。在此將介紹其中的幾種。我們不會深入介紹量子電路的詳細內容，只會試著大致來看一下演算的機制。也會簡單介紹近年提出，交互使用量子電腦與古典電腦的混合演算法。

5.2.1 代表性的量子演算法

首先要來介紹量子電腦出現前就被提出的知名量子演算法。這些演算法是假設了在理想的量子電腦上來進行的。

● 多伊奇-喬薩演算法

多伊奇-喬薩演算法（Deutsch–Jozsa algorithm）是由多伊奇與喬薩所提出，比古典演算法來得更高速的量子演算法中最早被發現的其中一種。做為問題設定，我們可以來思考一下被稱為**預言機**的東西。請把預言機想成是某種裝置，對某資訊提問後，會基於某種規則，只回答 0 或 1。

在此要思考的預言機中實際裝設有 $f(x)$ 這個函數，做為 x 而輸入 n 位數的位元列（將 0 與 1 並列）後，做為 $f(x)$，將會返回 0 或 1。就像圖 5.6 那樣。不過，我們設 $f(x)$ 為**常值**（**cometant**）或均等（**balanced**）。定值的情況是，針對所有 2^n 個的輸入，都會返回 0 或都是 1。均等的情況是，針對一半（2^{n-1} 個）的輸入返回 0，另一半的輸入返回 1。那麼，要問預言機幾次才能判斷該函數為常值或均等呢。

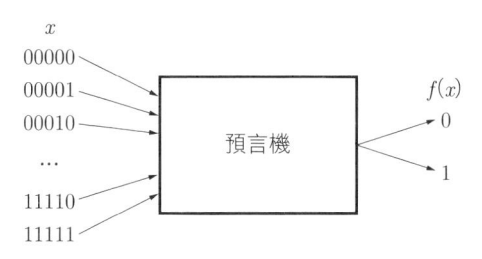

圖 5.6　預言機的概念圖

　　首先，試著來思考一下古典演算法的情況。將 n 位數的位元列輸入為 x，並一一詢問之。函數為均等時，若運氣好，只要問兩次就能判斷出來。也就是說，只要在第一個與第二個中返回不一樣的值，就能得知是均等。可是最遭的情況是必須要問 $2^{n-1}+1$ 次。因為均等的情況有可能偶然地會出現相同值連續 2^{n-1} 次。明確顯示出為定值（非均等）時，也必須確認第 $2^{n-1}+1$ 次也出現了相同的值。

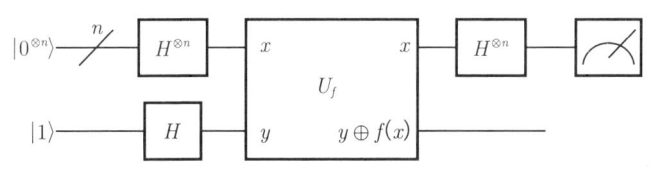

圖 5.7　多伊奇 - 喬薩演算法的電子電路

　　與此相對，量子演算法只要問一次就能判斷是定值還是均等。進行該演算法的量子電路就是圖 5.7。一開始先準備 n 個（以 $|0^{\otimes n}\rangle$ 來表示）$|0\rangle$ 狀態的量子位元，以及 $|1\rangle$ 狀態的輔助量子位元。連接 $|0^{\otimes n}\rangle$ 的線有斜線，其上之所以寫有 n，是省略了 n 條線的記號。

　　其次，打造 2^n 種位元列均等的疊加態。依此，就能一次完成關於所有位元列的提問。要打造疊加態，就要讓 H 閘作用於 n 個

量子位元的每一個上。我們用 $H^{\otimes n}$ 這個記號來表示。此外，也要讓 H 閘作用於輔助量子位元上。

對應預言機的是跨越所有量子位元的量子閘 U_f。x 是 n 位數的位元列，y 與 $f(x)$ 的值為 0 或 1。$\oplus$ 是以 2 為模（mod）（的加法，亦即相加除以 2 的餘數。用預言機的演算結束後，再次讓 H 閘作用於 n 個量子位元。

最後測定 n 個量子位元後，就能判斷 $f(x)$ 為定值或均等。所有位元若都被測定為 0 的狀態就是定值，測定出除此之外的狀態則為均等。為什麼能如此順利進行呢？詳細說明將寫於附錄。在此，只要了解量子演算法與傳統演算法是以完全不同機制來進行就夠了。

就理論來說，一次的測定就能確實知道答案，所以速度不比古典演算法快。可是，實機無法忽視雜訊的影響，所以不一定總能測定出理想的狀態。因此，要多進行幾次，從各狀態出現的頻率分布來做判斷。

● 格羅弗的量子搜尋演算法

讓我們來思考一下使用預言機從沒有被結構化的資料庫中找出目標數據的問題。在此，假設預言機輸入數據 x 為正確解答（亦即目標的數據）時是 $f(x) = 1$，若是錯誤的則會返回為 $f(x) = 0$。格羅佛的量子搜尋演算法是由格羅佛（Grover）所提出，是能比古典演算法更快速找出正確數據的演算法。

在古典演算法中，我們要將數據一一詢問預言機。在 N 個資料中只有一個目標數據時，最遭的情況是必須問 $N-1$ 次。與之相對，由格羅佛所提出的量子搜尋演算法，只要問約 $\sqrt{N}$ 次就好。

與多伊奇 - 喬薩演算法一樣，格羅佛量子搜尋演算法的重點也是在一開始就要打造均等的疊加態。準備好 n 個量子位元的均

等疊加態後，1 次就能問出關於 $N = 2^n$ 個的所有數據。可是與確實能知道答案的多伊奇 - 喬薩演算法不同，即便詢問過預言機後馬上做測定，獲得正確解答的機率也是 $1/N$。

因此，為了提高獲得正確解答的機率，就要進行**機率幅**的**增幅**操作。機率幅是用數式來書寫疊加態時的係數。若以 2 量子位元為例，式子（5.8）的 $|0\rangle_1|0\rangle_2$ 以及 $|1\rangle_1|1\rangle_2$ 的狀態的機率幅都是 $1/\sqrt{2}$。

格羅佛的量子搜尋演算法會交互重複進行詢問預言機以及機率幅的增幅，透過這麼做，就能操作獲得正確解答的機率。利用這個操作在獲得的正確解答機率變大時來進行測定。但是，獲得正確解答的機率，就理論上來說未必會是 100%。因此，要多次進行量子電路，然後從測定狀態的出現頻率來判斷解。

演算法的流程可簡單統整寫成如下：

1. 打造所有狀態的均等疊加態
2. 進行操作預言機
3. 進行操作機率幅的增幅
4. 重複多次步驟 2 與 3
5. 測定

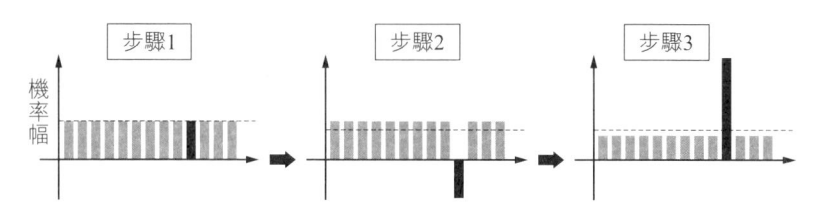

圖 5.8　利用格羅佛演算法的機率幅變化

為了讓各位稍微能簡單地想像，我以圖 **5.8** 中的模式來表示一開始在三個步驟中會發生些什麼。每一個條狀都對應著表示各數據的量子狀態。在此，以黑色表示正確解答的數據，除此之外的以灰色來表示。機率幅絕對值的平方是該量子狀態的實現機率。在圖 5.8 中，用虛線表示機率幅的平均值。步驟 1 中打造了均等的疊加態，所以機率幅是所有平均值。

　步驟 2 的預言機操作是翻轉正確數據機率幅的操作。假設數據 x 的量子狀態為 $|x\rangle$，利用這個操作，就會出現如下式的變化。

$$|x\rangle \rightarrow (-1)^{f(x)}|x\rangle = \begin{cases} -|x\rangle, & (x\text{為正確解答}) \\ |x\rangle, & (\text{除此之外}) \end{cases} \quad (5.9)$$

也就是說，只有正確解答的機率幅會翻轉符號。依此，機率幅的平均值會比操作前稍微少一點。

　在步驟 3 的操作中，只增幅正確解答數據的機率幅。相反地，縮小此外的數據振幅。在這個操作中，會將所有數據的機率幅以步驟 2 之後的平均值（圖 5.8 中央圖的虛線）為中心來翻轉。因此，正確解答數據的振幅會是原本大小的約 3 倍，此外的數據振幅則會比平均稍微小一點。

　透過重複步驟 2 與步驟 3，增幅正確解答數據的機率幅，於振幅變得夠大時進行測定。重複的次數為，在 N 個數據中，正確解答數據為 1 個時約 $\sqrt{N}$ 次，M 個時約為 $\sqrt{N/M}$ 次就夠了。次數若過多，機率幅反而會變小，所以要注意。

　在此，已經說明了格羅佛演算法的概要。能掌握為獲得解而要增幅機率幅的概念就夠了。關於演算法，若還想知道得詳細些，請參考附錄。

● 秀爾的整數因數分解演算法

若是閘型量子電腦以實用性規模來實現，則能簡單解開現在廣泛使用的 RSA 密碼[*1]。其根據就在秀爾的整數分解演算法。要演算位數大的兩個整數乘積很簡單，但反過來將該數因式分解並求其原本的整數則很困難。像那樣位數大的數的整數分解若用古典演算法，在現實時間中是解不開的問題。RSA 密碼就利用了這個事實。可是，只要使用秀爾提出的量子演算法，就能高速進行整數分解。

思考一下將較大整數 p、q 的乘積 $N = pq$ 做整數分解吧。秀爾的演算法流程如下。

1. 從 $2 \sim N-1$ 之中選一個整數設為 x。
2. 求 N 與 x 之最大公因數（使用輾轉相除法[*2]就能簡單求得）。若最大公因數為 1 以外的數字，該值因是質因數，所以結束。若最大公因數為 1，就進行以下的步驟。
3. 找出滿足以下式子的最小正整數 r。

$$x^r = 1 \ (\mathrm{mod} \ N) \tag{5.10}$$

右邊是用 N 除餘 1 的意思。左邊的 r 被稱為位數（order）。

4. r 若是奇數就回到步驟 1。r 若是偶數，依照式子（5.10）則會形成如下的式子

$$x^r - 1 = (x^{r/2}+1)(x^{r/2}-1) = 0 \ (\mathrm{mod} \ N) \tag{5.11}$$

所以（$x^{r/2}+1$）與（$x^{r/2}-1$）會成為質因數的候選者。

5. （$x^{r/2}+1$）與（$x^{r/2}-1$）若不是 N 的因數，就回到步驟 1。

[*1] 公開金鑰加密的其中一種是，使用公開金鑰並密碼化，同時使用祕密金鑰來解密。RSA 密碼的技術也有應用在網路上。

[*2] 求兩個自然數最大公因數的方法。只要重複用除法求餘數這個單純的演算，就能求最大公因數。

這個流程中的步驟 3 是用量子電腦來進行的部分。求式子（5.10）的 r 的問題被稱為**離散對數問題**[*3]，古典電腦中沒有有效率的解法。用量子電腦之所以能高速做出整數分解，是因為能高速解開這個問題。

表 5.1 $N = 15$ 時的 x^i（mod N）。$x = 2$、4、7 的情況。

i	0	1	2	3	4	5	6	7	8	9	10	11	12	13	14
2^i (mod 15)	1	2	4	8	1	2	4	8	1	2	4	8	1	2	4
4^i (mod 15)	1	4	1	4	1	4	1	4	1	4	1	4	1	4	1
7^i (mod 15)	1	7	4	13	1	7	4	13	1	7	4	13	1	7	4

為了讓大家想像位數 r 到底是什麼，請試著思考一下 $N = 15$ 的情況吧。針對 $i = 0$、1、2、⋯、$N-1$，將 x^i 當成 $N = 15$ 來試著計算餘數。**表 5.1** 表示 $x = 2$、4、7 的情況。x^i 是 $i = 0$ 時一定會是 1。之後首次為 1 時的 i 就是位數 r。我們知道，$x = 2$、7 時 $r = 4$；$x = 4$ 時 $r = 2$。

在此來看一下表 5.1 數字的排列方式。$x = 2$ 時值為 1、2、4、8 的重複，$x = 4$ 時為 1、4 的重複，$x = 7$ 時為 1、7、4、13 的重複。也就是說，位數 r 表示了這個重複的週期。

這個**週期性**是重點。秀爾的演算法中，會使用量子電路以增幅對應目標週期狀態的機率幅。來自這個量子電路的測定結果是看機率的，所以與格羅佛演算法一樣，必須多次進行相同的量子電路。要求位數 r 之後還要用古典電腦來稍加處理。詳細說明超過了本書的範圍，故此省略不提。想知道得更詳細的人，請參考量子演算法相關教科書或網站。

在此省略了說明的秀爾演算法的量子電路，其實頗為複雜。

[*3] 涉及計算整數冪次對質數取模的問題。

一旦要解讀密碼，就需要能糾錯的大規模量子電腦。因此要用現在的量子電腦來解讀密碼是不可能的。

5.2.2　量子・傳統混合演算法

格羅佛的演算法以及秀爾演算法在現在的量子電腦中都無法以實用性的規模來進行。因此，現在正盛行能活用 NISQ 裝置（會受到雜訊影響、無法糾錯、中等規模的量子裝置）・傳統混合演算法的研究。以下將介紹幾種組合量子電腦與古典電腦來進行計算的演算法。

● **量子變分電路**

量子變分電路（Variational Quantum Eigensolver, VQE）是能利用基於量子力學的計算，應用來計算分子的化學反應與性質的**量子化學計算**。例如想知道分子性質時，首先要思考表現該能量的哈密頓算符。在此所提及的哈密頓算符與用易辛機解題時所使用的 QUBO 形式不一樣，是用矩陣的形式來表現。哈密頓算符的矩陣特徵值是對應能量，特徵向量則對應分子（其中的電子）的狀態[*4]。VQE 是能用來求決定分子性質的重要**基態**（能量最小狀態），以及該能量。

＊4　關於矩陣的特徵值以及特徵向量，請參考附錄。

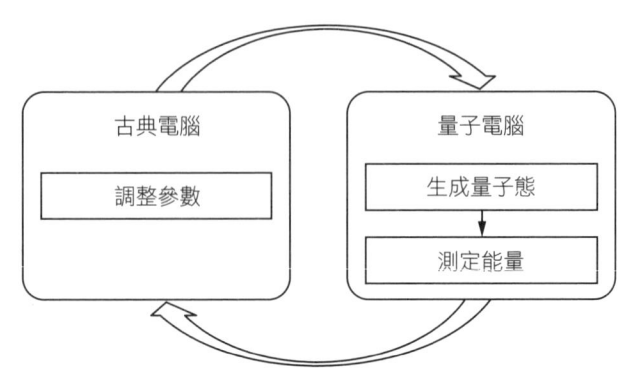

```
┌─────────────────┐      ┌─────────────────┐
│   古典電腦       │      │   量子電腦       │
│ ┌─────────────┐ │  →   │ ┌─────────────┐ │
│ │  調整參數    │ │      │ │  生成量子態  │ │
│ └─────────────┘ │      │ └─────────────┘ │
│                 │      │       ↓         │
│                 │      │ ┌─────────────┐ │
│                 │  ←   │ │  測定能量    │ │
│                 │      │ └─────────────┘ │
└─────────────────┘      └─────────────────┘
```

圖 5.9　量子變分電路的演算法概念圖

一開始，準備好哈密頓算符，假設好含有參數的基態形式。然後重複以下步驟（如圖 5.9 所示）。

1. 設定好參數值，用量子電腦打造量子態，測定關於該狀態的能量。
2. 以該測定結果為基礎，用古典電腦來調整參數。

在步驟 2 中調整參數以降低能量。在重複的過程中，能量就會接近最小值。能量一旦變成最小值，之後的值就不會再變化，因此就結束了。

● **量子近似優化演算法**

量子近似優化演算法（Quantum Approximate Optimization Algorithm, QAOA）是能求出**組合最佳化問題**解的演算法。解組合最佳化問題的目的與量子退火一樣。實際上，表示目標函數的哈密頓算符可以利用量子退火中所使用的東西。

與量子退火不同之處在於計算的機制與演算法。在 QAOA 中是交互使用閘型量子電腦與古典電腦。演算流程幾乎與 VQE 一樣。

1. 設定參數值,用量子電腦打造量子態,測定關於該狀態的目標函數。
2. 以該測定結果為基礎,利用古典電腦來調整參數。

　　在步驟 1 中,打造量子態的部分可以想成是對應到量子退火的時間發展。也就是說,古典電腦中的參數調整可以說是對應到在量子退火中的調整量子漲落時間變化。

　　其實,在打造量子態部分的量子電路中,有時需要量子位元好幾倍或者是好幾十倍數量的量子閘。考慮到這點,要解大規模問題時,一般認為,比起 QAOA,使用易辛機能更有效率地進行演算。

5.3 量子位元與操作方式

實現量子位元的方法如在 1.1 節稍微談過的那樣，有形形色色的種類。在此將以直到現在商用化前所進行的方式為主來做介紹。

5.3.1 超導電路

超導是透過讓物質冷卻到接近絕對零度，然後讓物質的電阻為零。由超導電路所形成的電子位元有好幾種，但都是在電路板上製作超導電路，並冷卻後來形成量子位元。閘型量子電腦中開發出了許多實現了利用兩個不同能量狀態的量子位元的類型。

在量子力學的世界中，與古典力學（日常世界）不同，能量的值是分散的。最低的能量狀態被稱為**基態**，除此之外的狀態被稱為**激發態**。量子位元的狀態是假設基態與激發態（的一個）各自為 $|0\rangle$ 與 $|1\rangle$。量子閘操作是照射電磁波（微波）來進行。依電磁波的振動數與照射時間不同，能實現的操作也各異。也就是說，透過控制電磁波振動數與照射時間，來進行量子閘的操作。

超導電路與其他方式相較有個優點，就是閘操作快速。另一方面也有個缺點，就是難以將量子位元間的耦合做全耦合。

超導電路如在 1.1 節中說過的那樣，是現在開發最為先進的方式。不僅是大學等研究機關，Google 以及 IBM 這些世界級企業也在進行採用這個方式的量子電腦的開發。

5.3.2 離子阱

離子阱是用捕捉到的離子（帶電荷的原子）的基態與激發態來實現量子位元的方式。離子阱方式的量子電腦使用了鈣離子（Ca^+）與鐿離子（Yb^+）。用**雷射冷卻**這個方法奪取離子運動的能量使之冷卻，同時利用 RF（Radio Frequency）電場與靜電場，將之封閉於真空中。離子雖處於冷卻狀態，但做為裝置，在常溫中仍會動作。量子閘操作是用雷射光以及微波來進行的。

離子阱能打造量子位元的全耦合。此外，與利用超導電路相比較，**相干時間**（能保持量子態的時間）能延長到 6 位數左右，閘操作的精確度很高也是其特長。另一方面，閘操作的速度與超導電路相較有個缺點，就是慢了約 3 位數。

除了大學等研究機關有在研究利用離子阱的量子電腦，另外像是 IonQ 以及 Honeywell 等國外企業也有在推進開發。

5.3.3 光學脈波

光是電磁波，有著在行進方向與垂直方向振動的橫波性質。此外同時也有粒子的性質。尤其關注在粒子的性質上時會被稱為**光子**。光學脈波的方式是使用光子兩個不同的狀態來實現量子位元的方式。利用光子（光學脈波）的量子電腦有好幾種類型，也有做為量子位元使用的**偏振**類型。偏振是振動方向有規則的光，種類有線性偏振以及圓偏振。將線性偏振以縱向與橫向（**圖 5.10**）、圓偏振以右旋與左旋來應對 $|0\rangle$ 與 $|1\rangle$。閘操作中有利用到光的干涉。

波行進的方向

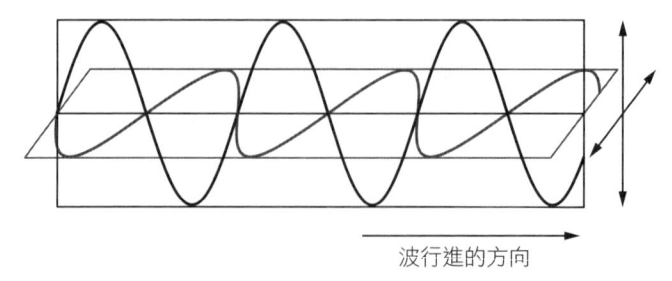

圖 5.10　線性偏振

　　利用光學脈波的量子電腦會在常溫下運作並處理多數量子位元，之後就能進行高速計算。另一方面則有光學脈波操作上的困難以及光子損失[*1]的問題等課題。

　　利用光子的量子電腦在日本國內大學等研究機關中的研究正盛，在國外 Xanadu 等企業也有在進行研究開發。不過，光子是被利用來以其他方式操作量子電腦，或是使用在量子通訊等其他的量子技術上。就這意義來說，利用光子的量子技術，從量子電腦的開發盛行前起，可以說不論是大學等研究機關還是企業，全世界都有在進行研究開發。

[*1] 因為各種原因會使光子散射而有所損失。

其他方式

除了上述提到的閘型量子電腦，還有各種各樣的方式在開發中。在此將做些簡單的介紹。

超冷原子

有用雷射冷卻等方法來冷卻沒帶電荷的中性原子的方式，以及利用芮得柏原子（Redenbers）這個特殊狀態的原子的方法。尤其芮得柏原子是原子間會進行長距離的相互作用，同時也能用光鑷（Optical Twieezer）這個技術來個別操作原子間距離與排列的方式，所以甚受關注。

量子點

在矽（Si）基等電路板上製作維繫的（量子點）構造，然後將電子封入其中。優點是能應用此前培植的半導體技術。來自日本研究團體的開發很活躍，將來有望能大規模化。

核磁共振

將核自旋用作量子位元，利用核磁共振（Nuclear Magnetic Resonance, NMR）技術來操作。其優點為，核自旋的相干時間與離子阱長度相同。使用溶液中分子的核自旋的類型會將量子位元當成一個整體來操作。

氮-空位中心

鑽石是由碳元素所組成的晶體，但將一個碳元素置換成氮原子（N）後，旁邊就會出現空位（vacancy）。這就稱為NV中心，其旁邊的電子與核自旋會被用做為量子位元。其特長是，即使在室溫下，相干時間也很長。

> **NEXT STEP** 本章中,說明了閘型量子電腦的計算機制以及量子演算的基本概念。為了簡單說明,我們省略了詳細的部分,但還是有說到了其與退火型量子電腦的的不同之處。下一章中,將要來介紹量子運算最近的發展以及今後的展望。

Chapter 6

量子演算的今後

　　量子演算技術現正已令人驚訝的速度持續發展中。在此要來介紹易辛機與閘型量子電腦最近幾年間的發展，並試著思考一下今後的展望。

Keyword

容錯量子電腦→會自動進行糾錯的量子電腦。是最有望能進行通用計算的量子電腦。

NISQ裝置→受到雜訊影響，無法糾錯的中等規模量子裝置

加速器→只進行特定處理的專用裝置，使用目的為以高速化來處理整體

6.1 易辛機的進化

易辛機已經超越閘型量子電腦，進展到了解決實用問題的階段。我們來看一下最近的易辛機進展狀況吧。

6.1.1 大型化與高速化

自 D-Wawe 的退火型量子電腦於 2011 年登場以來，各式各樣種類的易辛機就被開發了出來。物理位元數於幾年內就變成了兩倍以上，開發速度也很迅速。尤其是模擬量子電腦中也於 2022 年出現了能處理 100 萬變數的機器[*1]。此外，伴隨著各種機器的更新也在高速進展中。

能料想得到，今後易辛機的大型化也會有所進展，因為要解決實用性問題時會需要更多的變數。今後易辛機的普及若有所進展，實用範例也增多後，就會出現想解開更大規模問題的需求吧。可是問題規模若變大，要轉送到易辛機的數據資料也會變大。即便花在計算上的時間很短，若轉送數據資料要花時間，最終，解題所花時間還是會很長。我們期待能開發出可以克服這課題的易辛機，以對應像這樣大規模的問題。

6.1.2 機能強化與提升便利性

● **數學表達式變形的自動化**

易辛機初登場時，在公式化之後，須要用手動進行將目標函

[*1] 例如處理 100 萬以上變數的 CMOS 退火的運作已被證明（https://annealing-cloud.com/ja/about/transition.html）。

數變形成 2 次多項式的步驟。此外，視機器的不同，也有時是必須由使用者本身去進行在 2.4 節中所提及的**嵌入**（將邏輯位元對應物理位元的作業）。

近年來，不僅嵌入有自動化，也有許多自動變換目標函數以及支援公式化的工具。例如只要以直覺式的形式寫下約束條件，就能將之自動地變換成 2 次多項式。而且還有能檢測獲得的解是否滿足於條件的功能。關於不等式約束也是只要給予其直覺式的形式，就能自動添加上必要的輔助變數，將之變換成二元變數的 2 次多項式，增加了不少便利的工具[*2]。

在第 3 章中，說明過了各式各樣問題的公式化，在此則要以容易理解的數學表達式形式來表現。用易辛機來進行時，雖須要將之變成 **2 次多項式**的形式，但因能自動化做到這點，所以省了不少工夫。此外，也能防止用手動變形表達式時會出現的計算失誤。一開始建議各位自己去將簡單的問題做表達式的變形並深入理解，習慣後就可以利用方便的工具，有效率地去進行程式設計。

● **參數調整的自動化**

要將有約束的組合最佳化問題公式化時，就須要引入用以表示約束強度的參數。同時為了滿足約束條件，並獲得更好的近似解，調整這個參數就很重要。可是在手動作業中進行調整很費時間跟心力，而且參數的數量愈多就愈難調整。

近年來，已出現了自動調整參數功能的服務。將問題送出給搭載有易辛機的伺服器後，以從易辛機得來的解為基礎，用傳統型電腦來調節參數，然後再透過易辛機去進行，重複這樣的循環，就能回答出更好的近似解。

自動調整參數是一個很方便的功能，即便沒有參數調整的知

＊2　例如第 3 章最後專欄介紹到的 Fixstars Amplify 以及 OpenJij 中，就含有像這樣的工具。

識技能,也能獲得近似解。不過視問題情況不同,有時用手動調整或許會比較能獲得更好的解,或是能更有效率地調整參數。即便是能使用自動調整功能,實際上要不要使用,還是必須因應要解的問題與目的來判斷。

● **與傳統型電腦的併用**

如先前所述,調整參數須要用到傳統型電腦。併用易辛機與傳統型電腦來自動調整參數是典型的例子。在第 4 章介紹過的用易辛機的機器學習也是併用了易辛機與傳統型電腦。

交互使用易辛機與傳統型電腦時,兩者間會有多次通訊,所以**通訊時間**會是個問題。使用雲端易辛機時,手邊的電腦與易辛機之間也會透過網路多次往返通訊,因此無法說是有效率的。故而近年來,出現了提供合併易辛機與傳統型電腦為一個系統的雲端服務。如**圖 6.1**。今後,這樣的使用方式有望得以擴展開來。

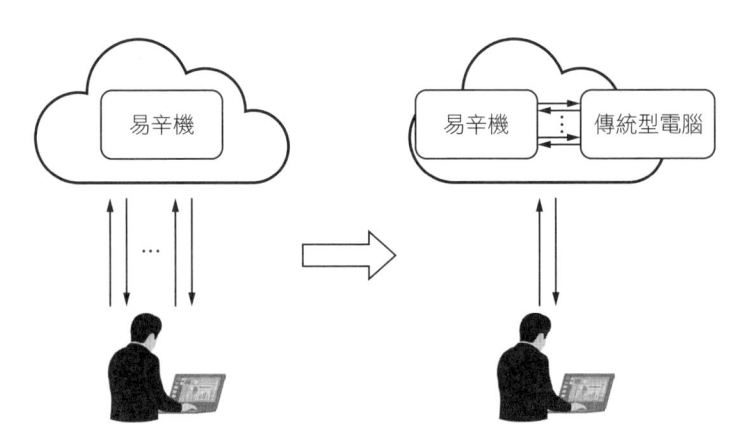

圖 6.1　併用易辛機與傳統型電腦

6.2 閘型量子電腦的發展

全世界都正在急速發展研究開發閘型量子電腦。以下試著來看一下其現狀與今後的展望吧。

6.2.1 開發中心轉往閘型量子電腦

量子電腦的主要目標是能進行通用計算的**容錯量子電腦**。就理論上來說，要用退火型量子電腦來實現容錯量子電腦並非不可能，但現在比較盛行的研究是用閘型量子電腦來實現的研究。就這意義來說，量子計算的研究開發中心可以料想會轉往閘型量子電腦。

第 5 章介紹過的閘型量子電腦實現量子位元的方式有各種各樣的類型。各種方式都有優點也有缺點，現狀是，大家都不知道哪種方式未來是有展望的。因此是在各方式林立的狀況下進行研究開發。

今後量子位元數會增加這點是確定的，而量子位元的品質與閘的操作精確度應該也會有所改善。可是，要到容錯量子電腦的實用化地步，預計還要花上幾十年的時間。今後應該暫時都還會是 **NISQ 裝置**（受到雜訊影響，無法糾錯的中等規模量子裝置）的時代。我們期待會有活用 NISQ 裝置的演算法被開發出來，或是有開拓出新的應用對象。

6.2.2 演算法的進步

要能活用 NISQ 裝置，就如在 5.2.2 節中介紹到的那樣，開發

量子・傳統混合演算法很重要。混合演算法中，量子電腦擅長的計算，或者是利用量子性來計算的部分，是由量子電腦來進行。雖有雜訊的影響，但本就有考慮到這點並調整了利用古典電腦計算的部分，所以成了有用的演算法。

關於解組合最佳化問題的演算法，可以轉用易辛機中的公式化概念。因為決定好測量量子位元時為 0 或 1 的狀態，使用了二元變數的公式化就會變得更簡單好用。易辛機中已經有豐富的組合最佳化問題實例，在製作目標函數時能用作參考。

如今，預測將來會實現容錯性量子電腦，並預設理想實行環境的演算法開發正在進行中。現在雖很多都只能用模擬的方式來進行，但只要實現了容錯性量子電腦，就可望能進行非常有效率的計算。

6.3 對量子演算的期待

以下將統整對量子演算的期待,以及針對易辛機與閘型量子電腦共通的展望。

6.3.1 做為加速器的量子演運算技術

一般的電腦是用 CPU（Central Processing Unit）來進行處理,但有個方法是,用專用裝置來進行特定處理,全體就能進行高速的處理。就加速處理這個意義上來說,該專用裝置就被稱為**加速器**。代表性的加速器有 GPU（Graphics Processing Unit）。

誠如前述,不論是易辛機還是閘型量子電腦都有併用傳統型電腦的使用法。這是將量子電腦技術當作加速器來用的使用法。在今後的 NISQ 裝置時代中,可以預料,這樣的使用法將會成為主流。

即便實現了容錯量子電腦,仍舊需要傳統型電腦。因為傳統型電腦能進行較快速處理的演算有很多。一般預期,用量子演算能有效率處理的部分今後將會擴展開來。即便如此,傳統型電腦也不會完全被汰換為量子電腦。一般認為,巧妙併用量子運算技術與傳統計算技術才是掌握了高速化的關鍵。

6.3.2 對今後發展的期待

近年來,全世界對**量子技術**都有著高度的關注。以歐美為

首，中國與印度[*1]等也都投入了鉅額的資金加速研究開發。量子技術中不僅有量子運算，也包含了量子資訊通訊以及量子密碼等。其中，量子演算是在進行軟體以及應用程式的開發，對初學者來說會是比較容易學習的領域。例如像量子演算的程式設計‧競賽的活動中，不僅有研究者以及專門學習量子演算的學生，也有許多從全世界來參加的高中生以及社會人士等。

在日本，也開始舉全國之力來研究開發。2020年時，量子技術創新戰略[*2]制訂了2022年的量子未來社會願景[*3]。而在2023年3月時，以理化學研究所為中心的研究團隊公開了國產量子電腦初號機，並開始雲端服務。

幾所大學也開始成立量子演算相關的研究所與研究中心，同時從大型企業到新創企業等多數企業也陸續加入包含量子演算的量子技術領域中。此外，不僅是理化學研究所，以產業技術綜合研究所為據點所進行的量子電腦開發也在進展中。從這些活動看來，今後的發展是很令人期待的。

不難想像，不久的將來，容錯量子電腦就會被實用化且普及到各家庭中。甚至是在我們平常沒意識到的地方也會活用到量子演算，能高速處理傳統型電腦在進行的計算。也就是說，在不知不覺間，在我們周邊，量子演算就會活躍起來。那樣的未來很快就會到來了。

[*1] 日本貿易振興機構，商業簡訊「印度政府發表了對量子技術的大規模投資」，https://www.jetro.go.jp/biznews/2020/02/a2fe61a5e0c09aeb.html
[*2] 內閣府綜合創新戰略推進會議，「量子技術創新戰略（最終報告）」，https://www8.cao.go.jp/cstp/tougosenryaku/ryoushisenryaku.pdf，（2020年1月21日）
[*3] 內閣府綜合創新戰略推進會議，「量子未來社會願景～利用量子技術的目標未來社會願景與實現之的戰略～」，https://www8.cao.jp/cstp/ryoshigijutsu/ryoshimirai_220422.pdf，（2022年4月22日）

Appendix

附錄

附錄 A　矩陣與向量

在第 4 章中出現了矩陣，在第 5 章中出現了矩陣的特徵值與特徵向量。關於矩陣與向量，在此將統整要理解本文所必須的事項。想了解更多的人，請參考線性代數的教科書。

A.1　矩陣與向量的演算

● 矩陣與向量的表示方式

矩陣是將數並列成長方形（或正方形）。$m \times n$ 矩陣（m 列 n 行的矩陣稱為 $m \times n$ 型的矩陣）A 表示如下。

$$A = \begin{bmatrix} a_{11} & a_{12} & \cdots & a_{1n} \\ a_{21} & a_{22} & \cdots & a_{2n} \\ \vdots & \vdots & & \vdots \\ a_{m1} & a_{m2} & \cdots & a_{mn} \end{bmatrix} \quad (\text{A.1})$$

有時會用（　）取代括弧 [　]。a_{ij}（$i = 1$、2、$\cdots$、m；$j = 1$、2、$\cdots$、n）為實數或複數，稱為矩陣 A 的 (i, j) 構成元素。如果是式子（A.1）的表示方式就取寬度，所以會表示為 $A = [a_{ij}]$。$n \times m$ 矩陣也稱為 n 次**方塊矩陣**。

矩陣橫排稱列，縱排稱行。例如式子（A.1）的第 i 列與第 j 行各為如下

$$\begin{bmatrix} a_{i1} & a_{i2} & \cdots & a_{in} \end{bmatrix}, \quad \begin{bmatrix} a_{1j} \\ a_{2j} \\ \vdots \\ a_{mj} \end{bmatrix} \quad (\text{A.2})$$

向量是只被視為 1 行或 1 列的矩陣。例如 $1 \times n$ 矩陣是 n 次的**列向量**，$m \times 1$ 是 m 次的**行向量**。各自對應式子（A.2）的第一個與第二個式子。表示向量時，在高中，我們學習的表示方法是使用箭頭符號的 $\vec{a}$，本書中則用粗體字 a 來表示。所有構成要素為 0 的向量稱為零向量，表示 0（有時也不用粗體字表示）。

● 矩陣與向量的演算

矩陣 A 與 B 的和以及差只有在 A 與 B 是相同型態時會被定義。兩個矩陣的和是各構成元素的和，差是各構成元素的差。相對於矩陣，我們稱普通的數為**純量**。矩陣的純量倍是各構成元素的純量倍。也就是說，矩陣的和、差、純量倍的演算方法與向量的情況同樣。

與之相對，矩陣的積就稍微有點複雜。假設 $m \times n$ 矩陣 $A = [a_{ij}]$ 與 $n \times r$ 矩陣 $B = [b_{jk}]$ 的積 AB 是 $m \times r$ 矩陣，其 (i,k) 構成元素為 c_{jk}，則可定義如下（$i = 1$、2、$\cdots$、m；$k = 1$、2、$\cdots$、r）：

$$c_{ik} = a_{i1}b_{1k} + a_{i2}b_{2k} + \cdots + a_{in}b_{nk} \tag{A.3}$$

與普通數的乘積不同，矩陣的乘積一般是 $AB \neq BA$。$AB = BA$ 是特別情況，所以此時可說矩陣 A 與 B 是可以交換的。

$m \times n$ 矩陣 $A = [a_{ij}]$ 與 n 次的行向量 x 的積也能同樣定義，可寫成如下。

$$Ax = \begin{bmatrix} a_{11} & a_{12} & \cdots & a_{1n} \\ a_{21} & a_{22} & \cdots & a_{2n} \\ \vdots & \vdots & & \vdots \\ a_{m1} & a_{m2} & \cdots & a_{mn} \end{bmatrix} \begin{bmatrix} x_1 \\ x_2 \\ \vdots \\ x_n \end{bmatrix} = \begin{bmatrix} a_{11}x_1 + a_{12}x_2 + \cdots + a_{1n}x_n \\ a_{21}x_1 + a_{22}x_2 + \cdots + a_{2n}x_n \\ \vdots \\ a_{m1}x_1 + a_{m2}x_2 + \cdots + a_{mn}x_n \end{bmatrix} \tag{A.4}$$

● 各式矩陣

替換掉矩陣 A 的行與列就稱為**轉置矩陣**,用 A^T 表示[*1]。矩陣 A 若用式子(A.1)來表示,其轉置矩陣可寫成如下。

$$A^T = \begin{bmatrix} a_{11} & a_{21} & \cdots & a_{m1} \\ a_{12} & a_{22} & \cdots & a_{m2} \\ \vdots & \vdots & & \vdots \\ a_{1n} & a_{2n} & \cdots & a_{mn} \end{bmatrix} \quad (A.5)$$

此外,轉置矩陣的共軛複數就稱為厄米特(Hermit)共軛,用 $A^\dagger$ 來表示[*2]。關於矩陣乘積的轉置矩陣,有如下的性質(厄米特共軛也是一樣的)。

$$(AB)^T = B^T A^T \quad (A.6)$$

但是,n 次的向量 a 與 b 的**內積**則定義如下。

$$a \cdot b = a_1 b_1 + a_2 b_2 + \cdots + a_n b_n \quad (A.7)$$

a 與 b 為行向量時,可以使用轉置的符號,寫成 $a \cdot b = a^T b$。因為會變成如下:

$$a^T b = \begin{bmatrix} a_1 & a_2 & \cdots & a_n \end{bmatrix} \begin{bmatrix} b_1 \\ b_2 \\ \vdots \\ b_n \end{bmatrix} = a_1 b_1 + a_2 b_2 + \cdots + a_n b_n \quad (A.8)$$

$a_{11} = a_{22} = \cdots = a_{nn} = 1$,所以除此之外的構成元素就稱 0 的 n 次方塊矩陣為**單位矩陣**,寫成 I(有時也會寫成 E)。與方塊矩陣 A 相關,變成如下式子的 A^{-1} 則稱為 A 的**逆(反)矩陣**。

$$AA^{-1} = A^{-1}A = I \quad (A.9)$$

[*1] 有時也會表示為 ^tA 與 A^T 等。
[*2] †是劍標。有時埃爾米特共軛會用 A^* 等其他記號來表示。

A.2　矩陣的特徵值與特徵向量

針對方塊矩陣 A，能滿足下式的向量 x（但 $x \neq 0$）就稱屬於**特徵值** λ 的**特徵向量**。

$$Ax = \lambda x \qquad (\text{A.10})$$

式子（A.10）表示「將矩陣作用在特徵向量上時，特徵向量的特徵值就會加倍」。

如在 5.2.2 節中所形成的矩陣 A 為哈密頓算符時，特徵值 λ 就對應能量。對應此的特徵向量就是表示能量為 λ 的**本徵狀態**。特徵值的個數多達 n 個。有時會有多個有著相同特徵值的特徵向量。

矩陣 A 與厄米特共軛 $A^\dagger$ 相等時，也就是 $A = A^\dagger$ 時，矩陣 A 就被稱為**厄米特矩陣**。厄米特矩陣有個性質是，所有特徵值都是實數。能觀測的物理量（稱為觀測量）是實數，所以在量子力學中被要求「表示觀測量的矩陣（運算子）要是埃爾米特矩陣（厄米特運算子）」。因此，表示哈密頓算符的矩陣就是厄米特矩陣。

附錄 B 黑箱函式優化的補充

在此要來補充於 4.3 節省略的詳細計算。

B.1 損失函數的配方法

4.3 節中，我們將損失函數寫成如下式〔再寫一次式子 (4.12)〕。

$$L(a) = \sum_d \left(y^{(d)} - \sum_i a_i X_i^{(d)} \right)^2 + \lambda \sum_i a_i^2 \tag{B.1}$$

將其展開後會如下：

$$\begin{aligned}
L(a) &= \sum_d \left\{ (y^{(d)})^2 - 2\sum_i a_i X_i^{(d)} y^{(d)} + \left(\sum_i a_i X_i^{(d)} \right)^2 \right\} + \lambda \sum_i a_i^2 \\
&= \sum_d \left(\sum_i a_i X_i^{(d)} \right)\left(\sum_j a_j X_j^{(d)} \right) + \lambda \sum_i a_i^2 - 2\sum_i \left(\sum_d y^{(d)} X_i^{(d)} \right) a_i + \sum_d (y^{(d)})^2 \\
&= \sum_{i,j} \left(\sum_d X_i^{(d)} X_j^{(d)} + \lambda \delta_{i,j} \right) a_i a_j - 2\sum_i \left(\sum_d y^{(d)} X_i^{(d)} \right) a_i + \sum_d (y^{(d)})^2
\end{aligned} \tag{B.2}$$

從第 1 行到第 2 行的變形中，將 $\left(\sum_i a_i X_i^{(d)} \right)^2$ 改寫為 $\left(\sum_i a_i X_i^{(d)} \right)\left(\sum_j a_j X_j^{(d)} \right)$ [*1]。從第 2 行到第 3 行的變形則使用如下的關係式。

$$\sum_i a_i^2 = \sum_i a_i a_i = \sum_i \left(\sum_j \delta_{i,j} a_j \right) a_i = \sum_{i,j} \delta_{i,j} a_i a_j \tag{B.3}$$

[*1] 下標若使用相同的記號 i 則有可能計算出錯。例如 $\left(\sum_{i=1}^{2} c_i \right)^2 = (c_1 + c_2)^2 = (c_1 + c_2)(c_1 + c_2) = c_1^2 + 2c_1 c_2 + c_2^2$ 雖是正確的計算，但若使用相同的下標，就有可能做出錯誤的計算：$\sum_{i=1}^{2} c_i^2 = c_1^2 + c_2^2$。

δ_{ij} 是只有在 $i=j$ 時為 1，除此之外為 0，所以 $\delta_{ij}a_j = a_i$ 是重點。由此能得知 a_i 的 2 次式，但其實從這裡要導出配方法的形式有點麻煩。因此會使用矩陣與向量，從表達式來導出。

使用矩陣與向量的符號中，損失函數會寫成如下：

$$L(a) = \sum_d \left(y^{(d)} - a^T X^{(d)} \right)^2 + \lambda a^T a \quad \text{（B.4）}$$

將這個式子展開變形後就會變成如下：

$$L(a) = \sum_d \left\{ \left(y^{(d)} \right)^2 - 2a^T X^{(d)} y^{(d)} + \left(a^T X^{(d)} \right)^2 \right\} + \lambda a^T a \quad \text{（B.5）}$$

注意能寫成 $a^T X^{(d)} = X^{(d)T} a$、$a^T a = a^T I a$，且能如下表示

$$L(a) = a^T \left(\sum_d X^{(d)} X^{(d)T} + \lambda I \right) a - a^T \sum_d y^{(d)} X^{(d)} - \sum_d y^{(d)} X^{(d)T} a + \sum_d \left(y^{(d)} \right)^2 \quad \text{（B.6）}$$

注意，在此，右邊第 1 項括弧中的內容會成為矩陣，將之寫成如下

$$V = \sum_d X^{(d)} X^{(d)T} + \lambda I \quad \text{（B.7）}$$

將此矩陣的逆矩陣設為 V^{-1}，就能變形成如下的式子。

$$\begin{aligned} L(a) &= a^T V a - a^T V V^{-1} \left(\sum_d y^{(d)} X^{(d)} \right) - \left(\sum_d y^{(d)} X^{(d)} \right)^T V^{-1} V a + \sum_d \left(y^{(d)} \right)^2 \\ &= \left\{ a^T - \left(\sum_d y^{(d)} X^{(d)} \right)^T V^{-1} \right\} V \left\{ a - V^{-1} \left(\sum_d y^{(d)} X^{(d)} \right) \right\} \\ &\quad - \left(\sum_d y^{(d)} X^{(d)} \right)^T V^{-1} \left(\sum_d y^{(d)} X^{(d)} \right) + \sum_d \left(y^{(d)} \right)^2 \end{aligned} \quad \text{（B.8）}$$

最下一行不含向量 a 所以是常數項。

透過（B.7）可以清楚知道 $V^T = V$，所以此時，逆矩陣也同樣表示出了（V^{-1}）$^T = V^{-1}$。使用這個來改寫式子（B.8）就會變成如下。

$$L(a) = \left\{ a - V^{-1} \left(\sum_d y^{(d)} X^{(d)} \right) \right\}^T V \left\{ a - V^{-1} \left(\sum_d y^{(d)} X^{(d)} \right) \right\} + （常數項）$$

（B.9）

將這個設為 $V = [V_{i,j}]$、$V^{-1} = [U_{i,j}]$，用矩陣與向量的構成元素來重新寫過，就會成為 4.3 節的式子（4.15）。

B.2 多變量常態分佈

常態分佈也稱為高斯分佈。**均值**為 μ **變異數**為 σ^2 的常態分佈機率密度函數可由下式得到：

$$f(x) = \frac{1}{\sqrt{2\pi\sigma^2}} \exp\left(-\frac{(x-\mu)^2}{2\sigma^2} \right)$$

（B.10）

這個函數如圖 **B.1** 所示，呈鐘型。此外，與其他的機率密度函數一樣是 $\int_{-\infty}^{\infty} f(x)\, dx = 1$。式子（B.10）的均值 μ 表示分佈的中心，變異數 σ^2 表示分散程度。變異數也能解釋為**測量不確定度**。因為變異數大時，機率密度函數是橫向分散的形狀。

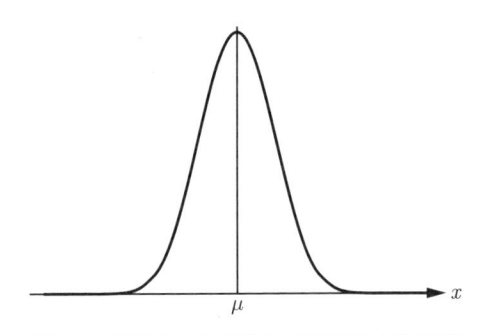

圖 **B.1** 常態分佈的機率密度函數的大致形貌

多變量常態分佈是將常態分佈往多維推廣。該機率密度函數與下式成比例。

$$\exp\left[-\frac{1}{2}(x-\mu)^T \Sigma^{-1}(x-\mu)\right] \tag{B.11}$$

在此 μ 稱為**平均向量**，Σ 稱為**共變異數矩陣**。

將之放到 4.3 節的情況中，x 就對應了係數向量 a。平均向量與共變異數矩陣反映出了式子（B.9）。也就是說會如下：

$$\mu = V^{-1}\left(\sum_d y^{(d)} X^{(d)}\right), \quad \frac{1}{2}\Sigma^{-1} = V \tag{B.12}$$

如此，就是由數據來決定多變量常態分佈的形式，且能將之用來推定係數向量。

附錄 C 量子演算法的補充

在此要來使用數學式稍微詳細說明關於 5.2 節所介紹到的代表性演算法。

C.1 狄拉克符號

本文中,介紹過了 0 的量子狀態記為 $|0\rangle$、1 的量子狀態記為 $|1\rangle$。這兩者都對應著下方的二次行向量。

$$|0\rangle=\begin{bmatrix}1\\0\end{bmatrix}, \qquad |1\rangle=\begin{bmatrix}0\\1\end{bmatrix} \tag{C.1}$$

任意的 1 量子位元狀態 $|\psi\rangle$ 是用下式來表示。

$$|\psi\rangle=\alpha|0\rangle+\beta|1\rangle=\begin{bmatrix}\alpha\\\beta\end{bmatrix} \tag{C.2}$$

係數的 α、β 是複數,所以 $|\alpha|^2+|\beta|^2=1$。但是,式子(C.2)的埃爾米特共軛會如下表示之。

$$\langle\psi|=\begin{bmatrix}\alpha^* & \beta^*\end{bmatrix} \tag{C.3}$$

在此,α^* 與 β^* 各自為 α 與 β 的共軛複數。$\langle\psi|$ 與 $|\psi\rangle$ 的積能寫成如下。

$$\langle\psi|\psi\rangle=\begin{bmatrix}\alpha^* & \beta^*\end{bmatrix}\begin{bmatrix}\alpha\\\beta\end{bmatrix}=\alpha^*\alpha+\beta^*\beta=|\alpha|^2+|\beta|^2=1 \tag{C.4}$$

這是 $|\psi\rangle$ 的向量大小的平方方為 1,亦即,$|\psi\rangle$ 表示是單位向量。

2 量子位元的狀態例如有時會像 $|0\rangle|0\rangle$ 那樣將括量並列書

寫，但多會統整寫成 $|00\rangle$。3 量子位元以上的情況也一樣。不過 n 個量子位元全都為 $|0\rangle$ 的狀態等個數較多的情況下，也會表示為 $|0\rangle^{\otimes n}$。

$\langle x|y\rangle$ 是表示 $|x\rangle$ 與 $|y\rangle$ 的**內積**。$|x\rangle$ 與 $|y\rangle$ 為正交時 $\langle x|y\rangle = 0$。$|x\rangle$ 與 $|y\rangle$ 一般來說是複數，所以雖然 $\langle x|y\rangle = \langle y|x\rangle^*$，但實數時為 $\langle x|y\rangle = \langle y|x\rangle$。

$|0\rangle$ 與 $|1\rangle$ 為正交。此外 $|00\rangle$ 與 $|10\rangle$ 等不同位元列的狀態也是正交。反過來說，相同位元列的狀態內積為 1。例如 $\langle 0|0\rangle = \langle 1|1\rangle = 1$、$\langle 00|00\rangle = \langle 01|01\rangle = \langle 10|10\rangle = \langle 11|11\rangle = 1$

C.2　多伊奇 - 喬薩演算法

多伊奇 - 喬薩演算法是判斷實裝在預言機中函數 $f(x)$ 為**常值**還是**均等**的量子運算法，能利用**圖 C.1** 那樣的量子電路來進行。這個圖中，為了說明中間過程而加入了虛線。

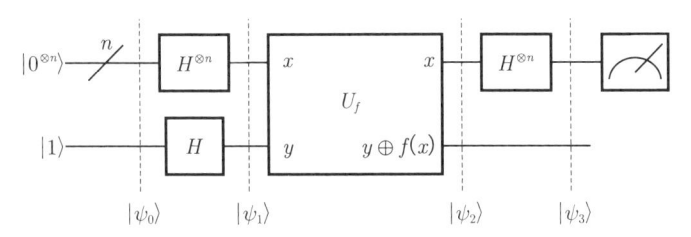

圖 C.1　多伊奇 - 喬薩演算法的量子電路

首先，初始狀態會如下表示。

$$|\psi_0\rangle = |0\rangle^{\otimes n}|1\rangle \tag{C.5}$$

其次，將 H 閘作用於所有量子位元後，就會變成如下。

$$|\psi_1\rangle = \frac{1}{\sqrt{2^{n+1}}} \sum_x |x\rangle (|0\rangle - |1\rangle) \tag{C.6}$$

在此，$|x\rangle$ 是表示對應 n 個位元樣式 $x = x_1 x_2 \cdots x_n$ 的量子狀態。x_i 是對應第 i 個量子位元，值為 0 或 1。透過取 x 的和，就能形成 2^n 種位元樣式均等疊加的狀態。

在此讓對應預言機的量子位元 U_f 起作用，就會變化成如下式。

$$|\psi_2\rangle = \frac{1}{\sqrt{2^{n+1}}} \sum_x |x\rangle \left(|0 \oplus f(x)\rangle - |1 \oplus f(x)\rangle \right) \qquad (C.7)$$

輔助量子位元的狀態若是 $f(x) = 0$ 就沒有變化，會維持 $\frac{1}{\sqrt{2}}$ $(|0\rangle - |1\rangle)$。可是若 $f(x) = 1$，就會是 $\frac{1}{\sqrt{2}}(|0 \oplus 1\rangle - |1 \oplus 1\rangle) = \frac{1}{\sqrt{2}}(|1\rangle - |0\rangle) = -\frac{1}{\sqrt{2}}(|0\rangle - |1\rangle)$，可以看出符號會翻轉。考慮到這點並改寫式子（C.7）後，會變成如下。

$$|\psi_2\rangle = \frac{1}{\sqrt{2^{n+1}}} \sum_x (-1)^{f(x)} |x\rangle (|0\rangle - |1\rangle) \qquad (C.8)$$

最後在測量前，再次讓 H 閘作用於 n 個量子位元後，就會變成如下式。

$$|\psi_3\rangle = \frac{1}{2^n} \sum_x (-1)^{f(x)} \left[\sum_y (-1)^{x \cdot y} |y\rangle \right] \frac{|0\rangle - |1\rangle}{\sqrt{2}} \qquad (C.9)$$

在此，$x \cdot y = x_1 y_1 + x_2 y_2 + \cdots + x_n y_n$ 是每個位元的積的和。

我們要測量的只有 n 個的量子位元。所有 n 個的位元獲得 0 這個測量結果的機率是式子（C.9）中 $|0\rangle^{\otimes n}$ 的係數，所以會變成如下：

$$\left| \frac{1}{2^n} \sum_x (-1)^{f(x)} \right|^2 \qquad (C.10)$$

$f(x)$ 若為常值，$\sum_x (-1)^{f(x)} = 2^n$ 或是 -2^n，所以所有 n 個位元為 0 的機率為 1。若 $f(x)$ 為均等，$\sum_x (-1)^{f(x)} = 0$，所有位元為 0 的機率就為 0，亦即一定有觀察到其他的狀態。

● 例子：2位元的情況

以下舉個簡單的例子，來思考一下 2 位元的情況吧。初始狀態如下：

$$|\psi_0\rangle = |00\rangle|1\rangle \tag{C.11}$$

讓 H 閘作用於所有的量子位元後，就會是：

$$|\psi_1\rangle = \frac{1}{2\sqrt{2}}(|00\rangle+|01\rangle+|10\rangle+|11\rangle)(|0\rangle-|1\rangle) \tag{C.12}$$

預言機的函數為常值，例如 $f(x)=1$ 的情況時，讓量子閘 U_f 起作用，就會變成：

$$|\psi_2\rangle = \frac{1}{2\sqrt{2}}(|00\rangle+|01\rangle+|10\rangle+|11\rangle)(|1\rangle-|0\rangle) \tag{C.13}$$

其次讓 H 閘作用於前面兩個量子位元。

$$\begin{aligned}|\psi_3\rangle =& -\frac{1}{4\sqrt{2}}\{(|0\rangle+|1\rangle)(|0\rangle+|1\rangle)+(|0\rangle+|1\rangle)(|0\rangle-|1\rangle)\\&+(|0\rangle-|1\rangle)(|0\rangle+|1\rangle)+(|0\rangle-|1\rangle)(|0\rangle-|1\rangle)\}(|0\rangle-|1\rangle)\\=&-\frac{1}{4\sqrt{2}}\{(|00\rangle+|01\rangle+|10\rangle+|11\rangle)+(|00\rangle-|01\rangle+|10\rangle-|11\rangle)\\&+(|00\rangle+|01\rangle-|10\rangle-|11\rangle)+(|00\rangle-|01\rangle-|10\rangle+|11\rangle)\}(|0\rangle-|1\rangle)\\=&-\frac{1}{\sqrt{2}}|00\rangle(|0\rangle-|1\rangle)\end{aligned} \tag{C.14}$$

在此，只要測量前面兩個量子位元，就能得到 00 的狀態。

若預言機的函數均等，例如在 $f(00)=f(01)=0$、$f(10)=f(11)=1$ 的情況下讓量子閘 U_f 起作用後，就會變成如下。

$$|\psi_2\rangle = \frac{1}{2\sqrt{2}}\{(|00\rangle+|01\rangle)(|0\rangle-|1\rangle)+(|10\rangle+|11\rangle)(|1\rangle-|0\rangle)\}$$

$$= \frac{1}{2\sqrt{2}}(|00\rangle+|01\rangle-|10\rangle-|11\rangle)(|0\rangle-|1\rangle) \tag{C.15}$$

其次,讓 H 閘作用於前面兩個量子位元。

$$|\psi_3\rangle = \frac{1}{4\sqrt{2}}\{(|0\rangle+|1\rangle)(|0\rangle+|1\rangle)+(|0\rangle+|1\rangle)(|0\rangle-|1\rangle)$$

$$-(|0\rangle-|1\rangle)(|0\rangle+|1\rangle)-(|0\rangle-|1\rangle)(|0\rangle-|1\rangle)\}(|0\rangle-|1\rangle)$$

$$= \frac{1}{4\sqrt{2}}\{(|00\rangle+|01\rangle+|10\rangle+|11\rangle)+(|00\rangle-|01\rangle+|10\rangle-|11\rangle)$$

$$-(|00\rangle+|01\rangle-|10\rangle-|11\rangle)-(|00\rangle-|01\rangle-|10\rangle+|11\rangle)\}(|0\rangle-|1\rangle)$$

$$= \frac{1}{\sqrt{2}}|10\rangle(|0\rangle-|1\rangle) \tag{C.16}$$

在此,只要測量前面兩個的量子位元,就會得到 10 的狀態。不過,測定狀態會因 $f(x)$ 的設定而不同。

誠如本文中說明過的那樣,理論上來說,一次的測量能判斷是常值還是均等,但用實機來計算時仍須注意。無法忽視雜訊影響的實機不一定總能測定出理想的狀態,所以必須嘗試進行多次。

C.3 格羅弗的量子搜尋演算法

格羅弗的量子探索運算只要詢問預言機有關輸入的數據,就會交互重複機率幅的增幅。本文中已經逐一說明過了機率幅的變化,但在此則要使用數學式子來說明。

一開始先準備好所有狀態均等疊加的狀態。設其寫為 $|s\rangle$。若 N 個數據中有 M 個正確解答的數據,則將正確解答數據的狀態的和寫為 $|w\rangle$,不是的狀態的和寫為 $|v\rangle$。

$$|w\rangle = \frac{1}{\sqrt{M}} \sum_{x \text{為正確解答}} |x\rangle, \qquad |v\rangle = \frac{1}{\sqrt{N-M}} \sum_{x \text{為不正確解答}} |x\rangle \qquad (C.17)$$

決定好各係數，以讓 $\langle w | w \rangle = \langle v | v \rangle = 1$。此外 $\langle w | v \rangle = \langle v | w \rangle = 0$，此時 $|s\rangle$ 會如下表示：

$$|s\rangle = \sin\theta |w\rangle + \cos\theta |v\rangle \qquad (C.18)$$

但是假設 $\sin\theta = \sqrt{M/N}$、$\cos\theta = \sqrt{(N-M)/N}$。此時，要注意，$\langle s | s \rangle = 1$。

預言機的操作用 U_w 來表示時，數據 x 的量子狀態 $|x\rangle$ 會因為這個操作而如下式般變化。

$$U_w |x\rangle = (-1)^{f(x)} |x\rangle = \begin{cases} -|x\rangle, & (x \text{為正確解答}) \\ |x\rangle, & (\text{除此以外}) \end{cases} \qquad (C.19)$$

將之作用在一開始的狀態 $|s\rangle$ 上後，會變成如下：

$$U_w |s\rangle = -\sin\theta |w\rangle + \cos\theta |v\rangle \qquad (C.20)$$

接下來進行**機率幅的增幅操作**。這個操作可以用下方式子來表示。

$$U_s = 2|s\rangle\langle s| - I \qquad (C.21)$$

將之作用在 $U_w |s\rangle$ 並使用式子（C.18）後，會變成如下式：

$$\begin{aligned} U_s U_w |s\rangle &= (2|s\rangle\langle s| - I)(-\sin\theta |w\rangle + \cos\theta |v\rangle) \\ &= (2|s\rangle\langle s| - I)(|s\rangle - 2\sin\theta |w\rangle) \end{aligned} \qquad (C.22)$$

在此要注意可以寫成 $|s\rangle\langle s|s\rangle = |s\rangle$、$|s\rangle\langle s|w\rangle = (\langle s|w\rangle)|s\rangle$。依照式子（C.18），$\langle s|w\rangle = \sin\theta$，所以會變形成如下。

$$\begin{aligned}U_s U_w|s\rangle &= 2|s\rangle - 4\sin^2\theta|s\rangle - |s\rangle + 2\sin\theta|w\rangle \\ &= (1 - 4\sin^2\theta)|s\rangle + 2\sin\theta|w\rangle \\ &= (3\sin\theta - 4\sin^3\theta)|w\rangle + (4\cos^3\theta - 3\cos\theta)|v\rangle \\ &= \sin 3\theta|w\rangle + \cos 3\theta|v\rangle\end{aligned} \tag{C.23}$$

與式子（C.18）相比較之後就會發現，θ 變成了 3θ。

反覆 k 次操作預言機以及機率幅的增幅操作後，會變成如下：

$$(U_s U_w)^k|s\rangle = \sin(2k+1)\theta|w\rangle + \cos(2k+1)\theta|v\rangle \tag{C.24}$$

$(2k+1)\theta = \pi/2$ 時，$\sin(\pi/2) = 1$、$\cos(\pi/2) = 0$，所以 $(U_s U_w)^k|s\rangle = |w\rangle$，是能得到正確解答的狀態。可是不一定有剛好是 $(2k+1)\theta = \pi/2$ 的 k 存在，所以就選擇最接近的 k 的值。對於數據總數而言，正確解答的數據數非常少時，也就是 $M \ll N$ 時，會近似於 $\theta \approx \sin\theta = \sqrt{M/N}$。此時只要採行如下式子就能得出預估值。

$$k \approx \frac{\pi}{4}\sqrt{\frac{N}{M}} - \frac{1}{2} \sim \sqrt{\frac{N}{M}} \tag{C.25}$$

● **例子：2量子位元的情況**

舉一個簡單的例子，試著來思考一下 2 量子位元的情況吧。假設數據數為 $N = 2^2 = 4$，正確解答的數據為 $M = 1$ 個。$\theta = \pi/6$ 時，$\sin\theta = \sqrt{M/N} = 1/2$，所以滿足 $(2k+1)\theta = \pi/2$ 的是 $k = 1$。也就是說，只要各操作預言機與機率幅的增幅一次就可以了。

均等疊加狀態是如下：

$$|s\rangle = \frac{1}{2}(|00\rangle + |01\rangle + |10\rangle + |11\rangle) \tag{C.26}$$

在此,假設正確解答的數據狀態為 $|01\rangle$。在這情況下進行預言機的操作就會如下式:

$$U_w|s\rangle = \frac{1}{2}(|00\rangle - |01\rangle + |10\rangle + |11\rangle) = |s\rangle - |01\rangle \tag{C.27}$$

接下來進行機率幅的增幅操作後,就會變成如下:

$$\begin{aligned} U_s U_w |s\rangle &= (2|s\rangle\langle s| - I)(|s\rangle - |01\rangle) \\ &= (2|s\rangle\langle s|s\rangle - 2|s\rangle\langle s|01\rangle - |s\rangle + |01\rangle) \end{aligned} \tag{C.28}$$

在此,只要使用 $\langle s|s\rangle = 1$,$\langle s|01\rangle = 1/2$,就會變成 $U_s U_w |s\rangle = |01\rangle$。也就是說,是能獲得正確解答的數據狀態。

這個例子中,$k = 1$ 時機率為 1,是能獲得正確解答數據的情況,次數 k 正好讓機率是 1 的,不存在 $U_s U_w |s\rangle$ 是好幾個狀態的疊加的情況。其中,機率幅最大的狀態就對應著正確解答數據。

給想要了解更多的人

最後我將介紹想學習更多關於量子運算知識時能參考的書籍。

- 渡邊靖志《入門講義 量子コンピュータ》（暫譯：入門講義 量子電腦。講談社，2021）
以閘型量子電腦內容為主，但也網羅了退火型量子電腦以及模擬量子電腦的相關話題。也有考慮到沒學過量子力學的讀者們，有助於學習量子運算相關更廣泛的知識。

- 藤井啟祐《驚異の量子コンピュータ：宇宙最強マシンへの挑戦》（暫譯：驚人的量子電腦：挑戰宇宙最強機器。岩波書店，2019）
以閘型量子電腦內容為主，從量子電腦的研究歷史到今後展望進行易懂的解說。推薦給想更多知道些量子電腦魅力的人。

- 西森秀稔、大關真之《量子コンピュータが人工知能を加速する》（暫譯：量子電腦加速了人工智能。日經BP，2016）
- 寺部雅能、大關真之《量子コンピュータが変える未來》（暫譯：量子電腦改變未來。歐姆社，2019）
以退火型量子電腦內容為主。介紹退火型量子電腦的歷史以及活用事例。思考量子電腦能做些什麼應用時可以用作參考。

- 邁克爾・尼爾森（M. A. Nielsen）、艾薩克・莊（I. L. Chuang）
  《量子計算暨量子信息（十週年紀念版）》（*Quantum Computation and Quantum Information: 10th Anniversary Edition*, Cambridge University Press, 2010）。
  推薦給想正式學習閘型量子電腦計算原理以及理論面的人的專業書籍。需要大學的數學程度。

　　現在，關於學習量子運算的網站也增加了。本文中在專欄裡也有介紹過了，在此則介紹除本文提到過之外的[1]。內容都有用日文寫成的。

- Quantum Native Dojo, https://dojo.qulacs.org
  是關於學習閘型量子電腦的基礎以及量子演算法的自習教材。用Jupyter notebook的形式寫成，所以可以實際邊做邊學。
- Qmedia, https://www.qmedia.jp/
  統整了研究者所寫的量子相關資訊。以解說各種類型的量子電腦為首，也有量子運算應用的企業活動相關內容。

- Qiskit Texbook, https://qiskit.org/learn/
  除了有用閘型量子電腦的計算基礎以及量子演算法，還加上能學習到IBM量子電腦的電腦硬體等。不僅有英文版，也有日文版。

---

*1　此為 2023 年時的資訊。網站有突然變更的情況，請留意。

- Quantum anndaling for you, https://altema.is.tohoku.ac.jp/QA4U/
- Quantum annealing for you 2nd partyj, https://altema.is.tohoku.ac.jp/QA4U2/
  2020年以及2023年時由日本東北大學主辦舉行的量子退火相關研討會活動網站。統整了活動中進行的講義內容、練習、畢業考試等。

- Quantum computing for you, https://altema.is.tohoku.ac.jp/QC4U/
  2022年時由日本東北大學主辦舉行的學習量子演算活動的網站。相對在2021年以及2023年的活動中所提到的量子退火，此次活動則是討論閘型量子電腦。

- Q-Portal, https://q-portal.riken.jp/
  提供量子相關最新資訊的綜合網站。能在多方面獲得有益的各種資訊，例如量子科學技術相關的新聞、活動、學習資訊等。

Note

Note

量子電腦入門：從零開始了解未來運算革命/
工藤和惠作；楊玉鳳譯. -- 初版. -- 新北市：
世茂出版有限公司, 2025.08
　　面；　公分. --（科學視界；286）
ISBN 978-626-7446-87-4（平裝）

1.CST: 量子力學 2.CST: 電腦科學

331.3　　　　　　　　　　114007269

科學視界286

量子電腦入門：
從零開始了解未來運算革命

作　　者／工藤和惠
譯　　者／楊玉鳳
編　　輯／陳怡君
封面設計／林芷伊
出　版　者／世茂出版有限公司
地　　址／(231)新北市新店區民生路19號5樓
電　　話／(02)2218-3277
傳　　真／(02)2218-3239（訂書專線）
劃撥帳號／19911841
戶　　名／世茂出版有限公司
　　　　　單次郵購總金額未滿500元（含），請加80元掛號費
世茂官網／www.coolbooks.com.tw
排版製版／辰皓國際出版製作有限公司
印　　刷／世和彩色印刷公司
初版一刷／2025年8月

Ｉ Ｓ Ｂ Ｎ／978-626-7446-87-4
Ｅ Ｉ Ｓ Ｂ Ｎ／978-626-7446-89-8（PDF） 978-626-7446-88-1（EPUB）
定　　價／370元

Original Japanese Language edition
KISO KARA MANABU RYOSHI COMPUTING
by Kazue Kudo
Copyright © Kazue Kudo 2023
Published by Ohmsha, Ltd.
Traditional Chinese translation rights by arrangement with Ohmsha, Ltd.
through Japan UNI Agency, Inc., Tokyo